가르쳐주세요!
힘에 대해서

가르쳐주세요!
힘에 대해서

ⓒ 이봉우, 2022

초판 1쇄 발행일 2022년 11월 01일
초판 2쇄 발행일 2024년 11월 11일

지은이 이봉우　　삽화 이종관
펴낸이 김지영　　펴낸곳 지브레인^{Gbrain}
마케팅 조명구　　제작·관리 김동영

출판등록 2001년 7월 3일 제2005-000022호
주소 04021 서울시 마포구 월드컵로7길 88 2층
전화 (02)2648-7224　팩스 (02)2654-7696
블로그 http://blog.naver.com/inu002

ISBN 978-89-5979-751-6 (04400)
　　　978-89-5979-760-8 SET

- 책값은 뒷표지에 있습니다.
- 잘못된 책은 교환해 드립니다.

노벨상 수상자 유카와 히데키

가르쳐주세요!
힘에 대해서

이봉우 지음 이종관 그림

지브레인

추천사

노벨상의 주인공을 기다리며

《노벨상 수상자 시리즈》는 존경과 찬사의 대상이 되는 노벨상 수상자 그리고 수학자들에게 호기심 어린 질문을 하고, 자상한 목소리로 차근차근 알기 쉽게 설명하는 책입니다. 미래를 짊어지고 나아갈 어린이 여러분들이 과학 기술의 비타민을 느끼기에 충분합니다.

21세기 대한민국의 과학 기술은 이미 세계화를 이룩하고, 전통 과학 기술을 첨단으로 연결하는 수많은 독창적 성과를 창출해 나가고 있습니다. 따라서 개인은 물론 국가와 민족에게도 큰 긍지를 주는 노벨상의 수상자가 우리나라의 과학 기술 분야에서 곧 배출될 것으로 기대되고 있습니다.

우리나라의 현대 과학 기술력은 세계 6위권을 자랑합니다. 국제 사회가 인정하는 수많은 훌륭한 한국 과학 기술인들이 세계 곳곳에서 중추적 역할을 담당하며 활약하고 있습니다.

우리나라의 과학 기술 토양은 충분히 갖추어졌으며 이 땅에서 과학의 꿈을 키우고 기술의 결실을 맺는 명제가 우리를 기다리고 있습니다. 노벨상 수상의 영예는 바로 여러분 한명 한명이 모두 주인공이 될 수 있는 것입니다.

《노벨상 수상자 시리즈》는 여러분의 꿈과 미래를 실현하기 위한 소중한 정보를 가득 담은 책입니다. 어렵고 복잡한 과학 기술 세계의 궁금증을 재미있고 친절하게 풀고 있는 만큼 이 시리즈를 통해서 과학 기술의 여행에 빠져 보십시오.

과학 기술의 꿈과 비타민을 듬뿍 받은 어린이 여러분이 당당히 '노벨상'의 주인공이 되고 세계 인류 발전의 주역이 되기를 기원합니다.

국립중앙과학관장 공학박사 **조청원**

과학자 **유카와 히데키** 湯川秀樹

1907~1981년

유카와 히데키는 이름에서 알 수 있듯이 우리나라와 가까운 나라 일본의 물리학자로, 아시아 사람 중 최초로 노벨 물리학상을 받았습니다. 그는 다른 나라로 유학을 가지 않고 일본 내에서 연구하여 물리학사에 이름을 남길 만한 큰 업적을 남긴 과학자입니다.

그가 관심을 가진 것은 바로 힘입니다. 힘 중에서도 이 세상을 구성하는 원자 속에서 작용하는 힘에 관련된 것입니다. 20세기에 들어서 원자는 원자핵과 전자로 구성되어 있고, 다시 원자핵은 양성자와 중성자로 이루어졌다는 것이 알려졌습니다. 그런데 어떻게 전기적으로 중성인 중성자와 양성인 양성자로만 이루어져 있는 원자핵이 서로 뿔뿔이 흩어지지 않고 강하게 결합하고 있는지를 이해하지 못하고 있었습니다. 이것을

멋지게 해결한 사람이 바로 유카와 히데키입니다. 그는 중간자라는 새로운 입자를 도입하여 이 문제를 설명하였고, 후에 이 입자가 발견됨으로써 유카와 히데키의 이론이 확인되었습니다.

지금은 노벨상을 받은 사람이 10명도 넘는 일본이지만, 유카와 히데키가 노벨상을 받은 1949년 이전의 일본 과학은 세계에 깊은 인상을 남기지 못할 때였습니다. 지진과 화산이 많은 지역적 특성에 관련된 일부 학문에서만 조금씩 두각을 나타내고 있었을 뿐이었습니다. 그런데 어떻게 유카와 히데키를 비롯하여 수많은 세계적인 과학자가 탄생할 수 있었을까요?

물론 그것은 유카와 히데키의 천재성 때문이기도 하

겠지만, 국가적으로 과학을 장려했기 때문입니다. 많은 외국의 과학자를 초빙해서 일본 대학에서 강의를 할 수 있도록 했고, 과학 기술을 통해 국가의 발전을 도모하려는 생각이 크게 자리 잡고 있었기 때문입니다.

이 책에서는 우선 유카와 히데키가 어떻게 과학자가 되었는지와 노벨상을 타기까지의 과학적 업적을 살펴볼 것입니다. 그리고 히데키와의 가상 채팅을 통하여 힘에 대해서 알아볼 것입니다.

물리학에서 가장 중요하게 다루는 것은 물체가 어떻게 운동하는지를 해석하는 것입니다. 그리고 물체의 운동에서 가장 관심 있게 살펴봐야 하는 것이 힘입니다. 바로 힘이 모든 것을 운동하게 하는 근본적인 원인

이기 때문입니다. 힘은 우리 주변에서 많이 찾아볼 수 있습니다. 지구가 우리를 잡아당기는 중력, 냉장고에 붙어 있는 자석에 의한 자기력, 고무줄을 당길 때 생기는 탄성력 등 다양한 힘에 대해서 알아볼 것입니다. 그리고 힘을 재는 방법과 힘의 평형과 무게중심에 대해서 알아볼 것입니다.

 힘이 무엇인지 궁금하다고요? 그렇다면 바로 이 책이 도움을 줄 수 있을 것입니다.

 여러분은 이 책을 통해서 유카와 히데키가 어떻게 노벨상을 타게 되었는지 살펴보고, 물리학에서 가장 중요한 힘에 대하여 다시 한 번 생각할 수 있는 기회를 갖게 될 것입니다.

 한장 한장 페이지를 넘겨가면서 힘의 비밀과 개념을 알아봅시다.

추천사 • 4
과학자 **유카와 히데키** • 6

| 제1장 | 히데키는 어떻게 과학자가 되었나요? • 13 |

| 제2장 | 굴러가던 공에 힘을 주지 않으면? • 25 |

| 제3장 | 물체에 힘을 주면 빠르기가 변해요 • 35 |

| 제4장 | 물체는 서로 잡아당기는 힘이 있어요 • 43 |

| 제5장 | 서로 같은 성질은 밀어내요 • 57 |

| 제6장 | 물체가 움직이는 것을 방해하는 힘 • 69 |

차례

제7장	물속에서는 물체가 가벼워요 • 77
제8장	아주 작은 원자들 사이에도 힘이 있어요 • 91
제9장	질량과 무게는 어떻게 다른가요? • 103
제10장	수평을 이루려면 어떻게 해야 할까요? • 117
제11장	힘과 힘을 더하는 방법은? • 131
제12장	힘의 크기는 어떻게 재나요? • 141

부록
히데키와의 마지막 대화 • 149

제1장
히데키는 어떻게 과학자가 되었나요?

교과 연계
- 히데키가 과학자가 된 배경
- 히데키의 과학자로서의 업적
- 1949년 노벨 물리학상 수상

✏️ **학습 목표**

히데키가 과학자가 된 배경을 살펴보고 물리학이 무엇인지 간단히 알아본다. 그리고 히데키는 원자핵 내부에서 양성자와 중성자들이 서로 밀어내지 않고 결합하고 있는 이유를 밝혀 아시아 사람으로서는 최초로 노벨 물리학상을 받았는데, 이런 그의 과학적 업적에 대해 살펴본다.

유빈 히데키 선생님은 물리학자가 되려고 한 동기가 무엇인가요? 그리고 어떻게 과학이 그다지 발달하지 않았던 당시의 일본에서 노벨상을 탈 만한 연구를 할 수 있었나요?

히데키 우리가 학교에서 배우는 과학은 대부분 서양에서 발전해 온 과학입니다. 그래서 교과서에 나오는 과학자도 뉴턴, 갈릴레이, 다윈, 아인슈타인, 퀴리 등 모두 서양 사람이지요. 이처럼 우리가 지금 살고 있는 세상을 만들게 된 과학 기술의 발전은 서양에서 이루어진 거예요. 그런데 갈릴레이나 뉴턴이 살았던 때도 기껏해야 지금으로부터 500년 정도밖에 안 된 시절입니다. 그보다 더 오래전에도 과학은 있었지만 그리 발달하지는 않았지요.

아주 오래전에는 동양의 과학도 서양 못지않게 발달해 있었어요. 한국만 살펴보아도 경주에 있는 첨성대나 에밀레종, 고려 시대에 만들어진 금속활자, 조선 시대의 자격루 등은 세계에 내놓아도 뒤지지 않을 만큼 훌륭한 것이에요. 그러나 서양에서는 그 이후에 놀라울 정도로 과학이 발달했지만 우리나라를 비롯하여 동양에서는 그렇지 못하였습니다. 그러다 19세기 후반부터 서양 문물을 받아들이면서 일본과 한국에도 서양 과학이 들어오게 되었고 오늘날에는 서양에 뒤지지 않는 과학 기술을 보유할 수 있게 된 것이죠.

내가 태어난 지도 벌써 100년이 되었네요. 사실 그 당시만 해도 일본은 오늘날에 비해서 과학을 공부할 만한 좋은 환경이 아니었어요. 하지만 다행히도 내가 태어난 집안의 분위기는 무척 학구적이었죠. 아버지가 수집한 책으로 집을 작은 도서관으로 만든 덕분에 나는 어렸을 때부터 과학에 대해 많은 공부를 할 수 있었어요.

유빈이는 내가 어떻게 물리학자가 되었는지 궁금하다고 했죠? 사실 어렸을 때 물리학에는 별다른 흥미를 느끼지 못했어요. 다만 수학이 아주 재미있어 많은 관심을 보였었죠. 15살 때인 1922년에 세계적인 물리학자 아인슈타인이 일본을 방문했을 때에도 별로 관심을 가지지 않았을 정도였으니까요.

그런데 어떻게 물리학으로 관심을 바꾸었을까요? 그것은 철학을 통해서였답니다. '아니, 물리학 이야기를 하는데 갑자기 철학이라니?'라는 의아한 생각이 들지요? 어떻게 생각하면 철학과 물리학은 아주 비슷한 측면이 있어요. 철학이 인간이 살아가는 근본적인 것을 탐구하는 학문이라면, 물리학은 자연이 이루어지는 근본적인 원리를 탐구하는 학문이니까요.

나는 철학에 관심이 있어서 많은 철학 책을 읽었는데, 그 책들 속에는 '양자역학(입자를 다루는 현대 물리학의 이론)'이라는 물리 용어가 자주 나왔어요. 20세기 초에 들어서 물리학에서 가장 관심을 받은 부분이 양자역학인데 철학자들도 이에 관심을 갖고 자신의 책에 많이 인용을 한 것이었죠.

나는 이미 다 밝혀진 것을 배우는 것보다는 아직 잘 알려지지 않은 것, 그래서 새로운 것을 많이 밝혀낼 수 있는 기회가 있는 것을 더 좋아했어요. 즉, 새로운 것에 대한 도전에 큰 흥미를 느낀 것이죠. 그런 점에서 물리학은 새로운 것을 찾아낼 수 있는 기회가 많은 학문이었어요.

물리학은 크게 나누면 실험 물리와 이론 물리로 나눌 수 있어요. 이 중에서 내가 연구한 것은 이론 물리학이라고 할 수 있지요. 사실 대학교에서 실험 물리인 빛을 연구하는 분광학에 관심을 가지고 있었답니다. 그런데 어렸을 때부터 손재주가 부족하다고 생각했기 때문에 무언가 손으로 만들고 실험하는 것은 적성에 맞지 않다고 생각해서 이론 물리로 전공을 바꾸게 되었죠. 결과적으로 보면 과학사에 큰 업적을 남길 수 있었기 때문에 다행이지요.

유빈 선생님께서 노벨상을 탄 것은 어떤 업적 때문인가요?

히데키 내가 노벨상을 타게 된 것은 원자에 대한 연구 때문이에요. 대학을 졸업할 무렵부터 원자의 내부 구조에 대해서 관심을 가지게 되었죠. 사실 그 당시에 원자에 대한 연구는 매우 어려웠기 때문에 많은 사람들이 쉽게 도전하지 못했어요. 그러던 것이 1930년대 초반부터 서서히 그 구조가 밝혀지게 되었답니다.

나는 외국에 나가지 않고 일본 내에서만 연구했기 때문에 새로운 연구 결과는 논문을 통해서 볼 수 있었지만 실험이나 큰 연구는 할 수 없었어요. 그래서 이론으로만 연구하는 데 집중할 수밖에 없었지요. 다행히도 내가 관심 있는 부분인 원자핵의 구조에 대해서는 아직 미지의 세계로 남겨진 영역이 많았답니다.

원자핵 내부에는 양성자와 중성자가 있어요. 중성자는 전기적으로 중성이지만 양성자는 전기적으로 양성(+)이기 때문에 양성자끼리는 서로 밀어내야 하죠. 그런데 양성자와 중성자는 원자핵 내에서 서로 강하게 끌어안고 있어요. 바로 이 부분을 설명할 수 없어 이에 대한 연구를 했던 것입니다.

 어떻게 했냐고요? 우선 한 가지 가정을 했지요. 아직 발견되지 않은 새로운 입자(이것을 중간자라고 부른다)가 있다고 가정하여 양성자와 중성자가 이 새로운 입자를 서로 주

고받으면서 결합하고 있다고 설명을 했답니다. 다른 대부분의 과학자들이 경험적으로 알려진 입자만을 가지고 설명하려고 한 것과 달리 나는 하나의 가정을 만들어 해결했던 것이죠. 생각을 할 때 유연하고 창의적으로 했기 때문에 가능했던 거예요.

나중에 이 중간자가 실험을 통해서 발견이 되었고 이러한 업적으로 1949년에 노벨상을 받았습니다. 그때는 일본 전체가 침체된 상태였기 때문에 국민적 영웅이 되어, 새로 태어난 아이들한테 내 이름을 붙이는 경우도 많았어요. 그리고 이론 물리학자를 위한 많은 기금이 만들어지기도 했죠. 그래서 그 이후에도 많은 일본인들이 노벨상을 받을 수 있는 밑거름이 되었답니다.

다음 표에서 제시한 것처럼 일본은 과학 분야에서 많은 노벨상 수상자를 배출했어요. 한국이 아직 노벨상을 탄 과학자가 한 명도 없다는 것을 생각하면 부러울 거라고 생각해요.
하지만 너무 걱정하지 마세요. 여러분처럼 과학을 즐겁게 생각하고 열심히 한다면 곧 노벨상을 타는 사람이 많이 나올 테니까요.

일본의 노벨상 수상 내역 (과학 분야)

분야	연도	수상자	업적
노벨 물리학상	1949년	유카와 히데키	소립자 이론(중간자)
	1965년	도모나가 신이치로	양자전자역학 분야
	1973년	에사키 레오나	반도체 물리학
	2002년	고시바 마사토시	초신성에서 중성미자 검출
	2008년	고바야시 마코토 마스카와 도시히데	CP 대칭성 붕괴의 기원 발견(고바야시·마스카와 이론)
	2014년	아카사키 이사무, 아마노 히로시, 나카무라 슈지	청색 다이오드(청색 LED) 발명
	2015년	가지타 다카아키	중성미자 진동의 발견
노벨 화학상	1981년	후쿠이 겐이치	화학반응 이론
	2000년	사라카와 히데키	전도성 고분자 발견
	2001년	노요리 료지	광학이성질체 합성법
	2002년	다나카 고이치	연성 레이저 이탈 기법
	2008년	시모무라 오사무	녹색 형광 단백질(GFP)의 발견
	2010년	스즈키 아키라 네기시 에이이치	크로스 커플링의 개발
	2019년	요시노 아키라	리튬 이온 전지 개발
노벨 생리의학상	1987년	도네가와 스스무	항체 생산 유전자의 면역 메커니즘 규명
	2012년	야마나카 신야	유도만능줄기세포의 제작
	2015년	오무라 사토시	감염병 새로운 치료법 발견
	2016년	오스미 요시노리	오토파지의 메커니즘 발견
	2018년	혼조 다스쿠	면역관문수용체 발견

보통 많은 사람들이 묻곤 합니다. 어떻게 하면 노벨상을 받을 수 있냐고요. 그런 사람들은 노벨상을 타기 위해서는 어떤 종류의 연구를 해야 하는지를 묻는 것이겠죠. 마치 무슨 공식과 같은 방법을 원하지만 노벨상을 타기 위한 특별한 방법은 없습니다. 단지 자신이 하고 있는 연구에서 열심히 하는 것이 지름길이자 최선이라고 생각해요.

물론 두 가지 조건은 필요해요. 현재 노벨상은 물리학상, 화학상, 생리의학상, 문학상, 평화상, 경제학상으로 6가지 분야에만 있어요. 따라서 지질학이나 해양학 쪽에서 큰 업적을 남겨도 노벨상은 타기 어렵습니다.

또 한 가지, 오래 살아야 한답니다. 노벨상은 아무리 인류 복지에 엄청난 공헌을 했다고 해도 살아 있는 사람들에게만 상을 수여하기 때문이죠. 그러니 자신의 분야에서 성실히 일하고 건강을 잘 챙기는 것이야말로 노벨상을 타기 위한 첫 발걸음일 것입니다.

제 1 장 핵심정리

- 히데키는 일본에서 태어나서 서양으로 유학을 가지도 않았지만, 서양인들이 놀랄 만한 과학적 업적을 이루었다.

- 히데키가 남긴 업적은 원자핵 내부에서 양성자와 중성자들이 서로 밀어내지 않고 결합하고 있는 이유를 설명한 것이다.

- 노벨상은 물리학상, 화학상, 생리의학상, 문학상, 평화상, 경제학상 등의 6가지로 인류 문명 발달에 가장 구체적으로 공헌한, 살아 있는 사람들에게 주는 상이다.

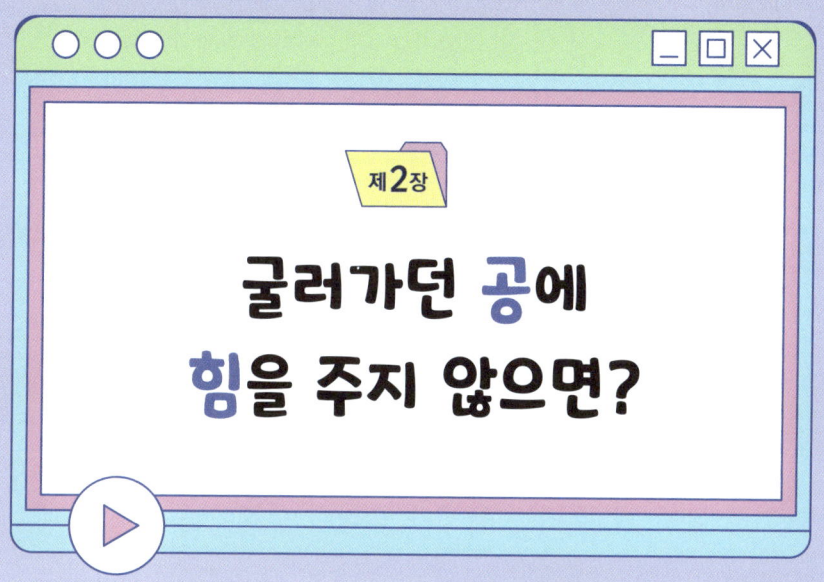

제2장
굴러가던 공에 힘을 주지 않으면?

교과 연계

초등 5-2 | 4단원 : 물체의 운동
중등 1 | 2단원 : 여러 가지 힘
중등 3 | 3단원 : 운동과 에너지

✏️ **학습 목표**

정지해 있는 물체에 힘을 주지 않으면 계속 정지해 있고, 운동하고 있는 물체에 힘을 주지 않으면 계속 같은 운동을 하려고 하는데 이것을 관성의 법칙이라고 한다. 관성의 법칙에 대해 자세히 알아보고 우리 주변에서 관성의 법칙이 작용하는 예를 살펴본다.

유빈 움직이고 있는 물체에 힘을 주지 않으면 물체가 멈추잖아요. 왜 그런지 설명해 주세요.

히데키 우리 주위에는 많은 물체들이 움직이고 있어요. 길에는 자동차가 움직이고 있고, 축구장에는 선수들이 차는 방향으로 공이 날아가지요. 이 모든 움직임은 힘과 관련이 있어요.

힘을 이야기하기 전에 먼저 움직이는 것에 대해서 이야기해 볼까요? 우리는 물체가 움직이는 정도를 나타낼 때 물체의 빠르기인 속력이라는 용어를 사용해요. 얼마만큼 빨리 움직이는지를 나타내는 양이죠. 정지해 있으면 속력은 0이고, 속력이 10인 물체는 속력이 5인 물체보다 2배 더 빠르죠. 이 속력의 의미를 알면 힘이 작용했을 때 물체의 운동을 쉽게 설명할 수 있어요.

땅에 있는 돌멩이를 생각해 볼까요? 이 돌멩이를 가만히 놔두면 당연히 계속 정지해 있어요. 그러면 움직이고 있는 물체는 어떨까요? 운동장에 공이 굴러가고 있다고 해 보

죠. 이 공에 아무런 힘을 주지 않으면 즉, 계속 발로 차지 않으면 공은 굴러가다가 멈추게 돼요. 그래서 우리는 물체에 힘을 주지 않으면 결국 멈추게 된다고 생각하죠.

그럼 운동장에서 얼음판으로 장소를 옮겨 볼까요? 그럼 공은 어떻게 되나요? 좀 느려지기는 하겠지만 계속 미끄러지면서 멀리까지 가는 것을 볼 수 있어요. 그러니까 공에 아무런 힘을 주지 않았는데도 곧바로 멈추지 않고 계속 멀리까지 가는 것이죠.

그럼 물체에 아무런 힘을 주지 않으면 멈출까요, 멈추지 않고 계속 굴러갈까요? 어느 것이 맞을까요? 여러분들이 쉽게 대답할 수 없는 것처럼 이 문제는 오랜 시간 동안 많은 과학자들이 궁금하게 생각한 것이에요. 그러니까 여러분이 잘 모른다고 해도 배우기 전에는 당연한 것이니까 낙심하지 마세요. 지금부터 설명할 테니 잘 읽어보면 이해할 수 있을 거예요.

유빈 그런데 왜 사람들은 물체에 힘을 주지 않으면 멈춘다고 생각했었나요?

히데키 우선 주위에서 보는 모든 현상들이 힘을 주지 않으면 멈추는 모습을 보이기 때문이겠죠. 얼음판에서 이것을 관찰한 사람이 있었다면 다르게 생각했겠지만요. 게다가 여기에는 또 다른 이유가 있답니다.

고대 그리스의 가장 유명한 철학자이자 과학자인 아리스토텔레스는 물체는 뒤에서 밀어주지 않으면 움직이지 않고 멈추게 된다는 '운동론'을 주장했어요. 운동장에 굴러가던 축구공이 멈추는 것과 잘 일치하는 이론이었죠. 그는 워낙 유명한 사람이었기 때문에 세상 사람들은 1000년이 넘게 이 생각을 믿어왔어요. 지금은 이 생각이 틀렸다는 것을 알고 있지만, 그 당시에는 주위에서 볼 수 있는 현상들을 잘 설명할 수 있는 이론이었기 때문에 아리스토텔레스의 생각이 틀렸다고 생각하는 사람들이 거의 없었던 것이죠.

사실 요즘에는 도로가 잘 발달해 있기 때문에 매우 평탄한 길이 있지만, 아주 오래전에는 길이 울퉁불퉁했기 때문에 무언가 매끄럽게 굴러가는 것은 보기 힘들었을 거예요. 아마 그리스나 로마는 겨울에도 미끄러운 얼음을 보기 어려웠을지도 몰라요. 그래서 사람들은 당연히 모든 물체는 힘을 주지 않으면 가다가 금방 멈추어 버린다고 생각한 것이죠.

이 생각을 바꾸게 된 것은 이탈리아의 과학자 갈릴레이

덕분이에요. 갈릴레이라고 하면 무엇이 떠오르나요?

지동설을 주장해서 종교재판에 회부되었다가 목숨을 구하기 위해서 자신의 주장을 바꾸면서, "그래도 지구는 돈다"라고 이야기했다는 유명한 일화를 들어봤을 거예요.

또 공기의 저항이 없는 진공 중에서 가벼운 물체와 무거운 물체를 떨어뜨리면 물체의 질량에 관계없이 똑같이 떨어진다는 것을 밝힌 것으로도 유명한 과학자이죠.

갈릴레이의 또 다른 업적이 바로 물체의 운동을 정확히 설명한 것이랍니다. 갈릴레이는 물체가 힘을 받지 않으면 처음의 속력대로 계속 운동한다고 주장했어요. 그러니까 얼음판에서 공이 미끄러지면서 계속 나아가는 것을 설명한 것이죠.

유빈 갈릴레이의 말이 맞다면 왜 운동장에서 굴러가던 공은 계속 굴러가지 않고 멈추어 버리나요?

히데키 여러분도 눈치챘겠지만, 갈릴레이의 생각이 맞아요. 그런데 왜 운동장의 축구공은 계

속 힘을 주지 않으면 멈추게 되는 것일까, 이것이 궁금하다는 거죠?

　운동장의 축구공에 아무런 힘을 주지 않는다고 하지만, 실제로 축구공은 굴러가는 반대 방향으로 계속 힘을 받고 있어요. 나중에 자세히 이야기하겠지만 마찰력이라고 부르는 힘을 받고 있는 거예요. 운동장 바닥은 매우 거칠잖아요. 그래서 공이 앞으로 나가지 못하게 방해하는 힘이 있는 거예요. 이것을 우리는 마찰이라고 부르는데, 땅에서는 마찰이 커서 금방 멈추어 버리는 것이고, 얼음판에서는 마찰이 작기 때문에 잘 멈추지 않고 멀리까지 가는 것이랍니다.

　이런 현상을 우리는 '관성'이라고 불러요. 정지해 있는 물체는 계속 정지해 있고 싶어 하고, 운동하고 있는 물체는 계속 그 빠르기로 움직이고 싶어 하는 성질을 말해요. 한마디로 모든 물체는 자기가 있던 그대로 있고 싶어 한다는 것이죠. 단, 물체에 아무런 힘을 주지 않았을 때에 한해서요. 이것을 우리는 '*관성의 법칙*'이라고 한답니다.

　관성은 우리 주위에서 많이 찾아볼 수 있어요. 버스에 탔을 때 갑자기 출발하거나 멈추었을 때 넘어져 본 경험이 있을 거예요. 이것도 관성 때문이랍니다. 처음에 정지해 있는데 갑자기 버스가 출발하면 정지해 있으려는 관성 때문에 몸이 뒤쪽으로 기울어지면서 넘어지는 거예요.

축구선수들이 축구공을 드리블할 때에도 관성을 이용한 답니다. 수비수를 제치는 능력 중에서 국가대표 이영표 선수의 '헛다리짚기'라는 멋진 발놀림을 예를 들어 설명해 볼게요. 바로 이영표 선수가 수비수를 제칠 수 있는 것도 바로 관성을 이용한 것이에요. 이영표 선수가 오른쪽으로 움직이려고 하면 수비수가 오른쪽으로 움직이게 되겠죠. 이때 갑자기 왼쪽으로 이영표 선수가 방향을 바꾸면 수비수는 오른쪽으로 움직이려는 관성 때문에 쉽게 왼쪽으로 방향을 바꿀 수 없게 되지요. 그래서 수비수를 제치고 공을 앞으로 몰고 갈 수 있게 되는 거예요.

이제 관성이 무엇인지 알겠어요?

그러고 보면 자연은 좀 고집스러운 면이 있나 봐요. 힘을 주지 않으면 계속 같은 상태에 있으려고 하니까요.

제2장 핵심정리

- 물체에 힘을 주지 않으면 정지해 있는 물체는 계속 정지해 있으려고 한다.

- 운동하고 있는 물체에 힘을 주지 않으면 계속 같은 운동 상태를 유지하려고 하는 성질(관성)이 있다.

- 위 두 가지를 관성의 법칙이라고 한다.

- 갈릴레이는 관성의 법칙을 비롯하여 지동설을 주장했으며 공기 저항이 없는 진공 중에서 모든 물체가 무게에 상관없이 똑같이 떨어진다는 것을 알아낸 이탈리아의 과학자이다.

제3장
물체에 힘을 주면 빠르기가 변해요

교과 연계

초등 5-2 | 4단원 : 물체의 운동
중등 3 | 3단원 : 운동과 에너지

✏️ **학습 목표**

물체에 힘을 주면 모양이나 빠르기, 운동 방향이 어떻게 변하는지 알아본다. 물체에 주는 힘의 세기가 물체의 질량과 빠르기의 변화에 어떤 영향을 미치는지 살펴보고 뉴턴의 운동법칙을 이해한다.

유빈 힘을 주지 않으면 그냥 원래의 성질을 그대로 가지고 있다고 했는데, 그럼 물체에 힘을 주면 어떻게 되나요?

히데키 지난 2006년 월드 베이스볼 클래식(WBC)에서 이승엽 선수는 일본과 미국을 상대로 홈런을 쳐서 한국 야구의 위상을 세계에 알렸었죠.

바로 야구 방망이를 휘둘러서 야구공을 치는 것을 우리는 야구공에 힘을 준 것으로 생각할 수 있어요. 그럼 이때 무슨 일이 일어날까요? 우리 한번 공을 치는 순간을 천천히 살펴볼까요?

야구공은 아주 딱딱하기는 하지만 돌멩이처럼 딱딱하지는 않기 때문에 야구 배트에 맞는 순간에는 찌그러져요. 이 찌그러진 공이 다시 펴지면서 날아가는 것이지요. 이와 같이 물체에 힘이 작용하게 되면 물체의 모양이 바뀌는 현상이 나타나는데 이것이 힘이 작용하는 첫 번째 결과랍니다. 맛있는 떡을 만들기 위해서 떡메로 떡을 치게 되면 떡은

찌그러진 모양으로 변하게 되지요. 어떤 물체는 다시 원래의 모양으로 되돌아오기도 하지만, 어떤 물체는 변형된 상태 그대로 남아 있기도 합니다. 풍선이나 고무공을 손으로 누르게 되면 모양이 바뀌었다가 다시 되돌아오지만, 탁구공은 찌그러진 상태 그대로 있게 되는 것을 떠올려 봐요.

유빈 힘을 주면 모양이 변하는 것 말고 또 어떤 변화가 생기나요?

히데키 물체에 힘을 주었을 때 그 모양만 바뀔까요? 그렇지는 않겠죠. 그럼 또 무슨 일이 일

어날까요? 자전거를 타고 가다가 힘차게 페달을 돌리면 자전거는 더 빠르게 앞으로 가게 되잖아요? 반대로 브레이크를 잡으면 점점 느려지다가 멈추게 되고요. 이 두 가지는 다른 현상을 나타내기는 하지만 모두 자전거에 힘을 주어 나타난 결과랍니다. 자전거 페달을 돌리는 것은 움직이는 방향과 같은 방향으로 힘을 준 것이기 때문에 자전거가 더 빠르게 앞으로 나아가는 것이고, 브레이크를 잡는 것은 바퀴가 움직이는 것을 느리게 하면서 앞으로 돌아가려는 운동 방향과 반대 방향으로 힘을 준 것이죠. 그래서 점점 느려지다가 결국에는 자전거가 멈추게 되죠.

물체에 힘을 주면 또 어떤 일이 일어날까요? 바로 물체의 빠르기가 변하게 돼요. 물체에 힘을 주면 이 힘은 물체가 빨라지게 하거나 반대로 느려지게 하죠. 만약 물체가 움직이는 방향과 같은 방향으로 힘을 주면 물체의 빠르기는 점점 더 빨라지는 것이고, 반대 방향으로 힘을 주면 점점 느려지게 되는 것이지요.

그리고 한 가지 더 있어요. 이승엽 선수가 공을 치는 장면을 보면 공은 야구 방망이에 맞고 방향을 바꾸게 돼요.

투수 쪽에서 포수 쪽으로 날아가던 야구공은 야구 방망이의 힘을 받아서 다시 투수 쪽으로 날아가잖아요. 또 한 가지, 바닥에 굴러가는 탁구공을 옆에서 입김으로 불면 굴러오던 탁구공은 입김이 부는 방향으로 휘어져서 굴러가게 되요. 이와 같이 물체에 힘을 주게 되면 찌그러지지도 않고 빠르기도 변하지 않지만 그 움직이는 방향이 바뀌기도 한답니다.

  앞에서 설명한 모든 경우를 다 합해서 설명해 볼까요? 물체에 힘을 주게 되면 물체의 모양이 변하거나, 빠르기가 변하거나, 방향이 변한답니다. 한 가지만 일어나기도 하고, 세 가지가 모두 일어나기도 하지요.

  그럼 이승엽 선수가 홈런을 잘 치기 위해서는 어떻게 해야 할까요? 가장 쉽게 생각할 수 있는 것은 바로 센 힘으로 공을 치는 거예요. 힘이 세면 셀수록 더 많이 찌그러지고, 빠르기도 더 많이 변하게 되지요. 이렇게 빠르기가 변하는 정도가 바로 힘의 세기에 비례하는 양이랍니다. 그런데 이것을 누가 알아냈는지 아세요? 이 세상에서 살았던 과학자

영국 울스토르프 매너에 있는 뉴턴의 생가. 뉴턴의 사과나무와 작은 과학관이 있다.

영국 웨스트민스터 사원에 있는 뉴턴의 무덤

중에서 가장 위대한 사람으로 일컬어지는 뉴턴이랍니다.

뉴턴은 물체에 힘을 줄 때 작용한 힘의 세기와 빠르기의 변화량이 비례한다는 멋진 법칙을 만들어 냈어요. 아마도 우리가 알고 있는 과학법칙 중에서 가장 아름답고 위대한 법칙이라고 해도 틀린 말은 아닐 거예요.

제3장 핵심정리

- 물체에 힘을 주면 그 모양이 변하거나, 빠르기가 변하거나, 운동 방향이 변하게 된다.

- 물체에 힘을 주었을 때는 모양, 빠르기, 방향이 모두 변할 수도 있고 하나만 변할 수도 있다.

- 물체에 작용하는 힘의 세기는 물체의 질량과 빠르기의 변화량에 비례한다. 이를 우리는 뉴턴의 운동 법칙이라고 한다.

제4장
물체는 서로 잡아당기는 힘이 있어요

교과 연계

초등 4-1 | 4단원 : 물체의 무게
중등 1 | 2단원 : 여러 가지 힘

✏️ **학습 목표**

질량을 가진 물체가 서로 잡아당기는 힘을 만유인력이라고 한다. 이 장에서는 만유인력에 대해 알아보고, 만유인력과 질량과의 관계에 대해 살펴본다. 그리고 지구가 잡아당기는 힘인 중력에 대해서도 학습한다.

유빈 우리 주위에서 찾아볼 수 있는 힘에는 어떤 것이 있나요? 옛날에 뉴턴이 사과나무에서 떨어지는 사과를 보고 만유인력을 알아냈다고 하던데요.

히데키 힘은 물체의 운동하는 모습을 변화시킨다고 했잖아요? 주위에 있는 돌 하나를 들어서 멀리 던져봅시다. 단, 사람이나 차가 없는 곳으로요. 그럼 돌멩이는 날아가다가 휘어져서 다시 땅으로 떨어집니다. 이것을 우리는 포물선 운동을 한다고 말하죠. 그럼 왜 돌멩이는 땅으로 떨어질까요?

아주 오래전에는 물체가 땅으로 떨어지는 이유를 제대로 설명하지 못했답니다. 땅이 고향이기 때문에 땅으로 되돌아온다고 설명하기도 했었죠. 그 이유를 명확하게 밝힌 사람이 바로 영국의 과학자 뉴턴이에요. 앞에서도 이야기했지만 뉴턴은 앞으로도 계속 나올 만큼 과학에서 가장 유명한 과학자랍니다. 바로 우리가 중력 또는 만유인력이라고 부르는 힘이 돌멩이가 땅으로 떨어지게 되는 원인이 되는

힘입니다.

  만유인력은 질량을 가진 물체들은 서로 잡아당긴다는 힘입니다. 모든 물체들은 질량을 가지고 있으니까 다 잡아당기고 있는 셈이죠. 그럼 책상 위에 있는 지우개에 손을 가까이 하면 지우개가 손으로 끌려오나요? 그렇지는 않죠? 그럼 만유인력이란 것이 거짓말일까요?

  분명히 모든 물체들은 서로 잡아당기고 있답니다. 그런데 그 잡아당기는 힘이 너무나 작기 때문에 우리들이 생활 속에서 느끼지 못하는 것뿐입니다. 만유인력의 크기는 질량이 크면 클수록 커지고, 거리가 가까울수록 크답니다. 또 거리가 멀어지면 그 힘의 크기는 아주 빠르게 작아지지요.

유빈 그럼 질량이 아주 크다면 만유인력을 느낄 수 있겠네요?

히데키 네. 맞아요. 질량만 크다면 서로 잡아당기는 힘을 느낄 수 있답니다. 그럼 우리 주위에서 질량이 큰 것으로는 무엇이 있을까요? 아! 아직 질량이 무엇인지 잘 모르는 친구들도 있겠네요. 질량은 그냥 무거운 정도라고 생각하면 됩니다. 무게라고 해도 되지요. 사실 무게랑 질량은 조금 다르지만, 그것은 나중에 또 알려줄게요.

우리가 살고 있는 땅덩어리인 지구가 바로 가장 무거울 거예요. 지구의 무게는 5,970,000,000,000,000,000,000,000킬로그램이나 된답니다. 지구 위에서는 비교할 것이 없죠. 그래서 지구는 지구 근처에 있는 다른 물체들을 잡아당기고 있어요. 뉴턴이 사과나무에서 떨어지는 사과를 보고 알아낸 것도 바로 지구가 사과를 잡아당기고 있다는 사실입니다.

그런데 실제로는 사과도 지구를 잡아당긴답니다. 그러나 지구는 사과에 비해서 엄청 무겁기 때문에 지구가 사과쪽으로 움직이는 것은 아주아주아주 미약해 움직이지 않는다고 봐도 돼요.

뉴턴 생가에 있는 사과나무. 뉴턴은 이 사과나무에서 떨어지는 사과를 보고 만유인력을 생각해냈다.

그럼 태양은 지구보다 더 크고 무거우니까 더 힘이 크겠지요? 태양은 태양계에서 가장 무겁답니다. 그래서 지구도 태양이 잡아당기고 있기 때문에 밖으로 벗어나지 못하고 태양 주위를 빙글빙글 돌고 있는 거예요. 1년에 한 바퀴씩 말이에요. 달도 지구 주위를 돌고 있답니다. 달은 한 달에 한 바퀴씩 지구를 도는데 이것도 역시 지구가 달을 잡아당기고 있기 때문입니다.

　지구의 모양은 무슨 모양이죠? 설마 지구가 평편하다고 생각하는 친구들은 없겠지요? 다들 잘 알고 있는 것처럼 지구는 축구공처럼 둥근 모양이에요. 이렇게 지구나 태양이 둥글게 된 것도 만유인력 때문이랍니다. 서로 계속 잡아당기기 때문에 둥근 형태로 만들어진 것이지요. 따라서 네모난 별, 세모난 별은 동화 속에서는 있을 수 있지만 현실에서는 존재할 수 없어요.

유빈 히데키 선생님, 그럼 중력은 무엇인가요?

히데키 사실 중력과 만유인력은 거의 같은 것이라고 생각해도 됩니다. 중력은 지구 위에서 지구가 잡아당기는 힘이기 때문이죠. 그런데 한 가지 다른 것은 지구는 하루에 한 바퀴씩 자전을 한다는 사실 때문에 원심력을 받는데 이 힘과 만유인력을 합해야 중력이 된다는 점이에요. 그렇지만 지구가 너무나 무겁기 때문에 원심력은 별로 큰 영향을 주지 못한답니다. 그러니까 만유인력과 중력이 같은 것이라고 생각해도 크게 잘못된 것은 아니에요.

지구에서부터 로켓을 타고 위로 높이 올라간다고 생각해 봅시다. 앞에서 지구가 잡아당기는 힘의 크기는 거리가 멀어질수록 작아진다고 했잖아요? 이렇게 높이 올라가서 힘이 적어지게 되면 사람은 지구 쪽으로 떨어지지 않고 아무런 힘이 작용하지 않기 때문에 두둥실 공중에 떠오르게 됩니다. 우리는 이런 상태를 무중력 상태라고 불러요. 무중력

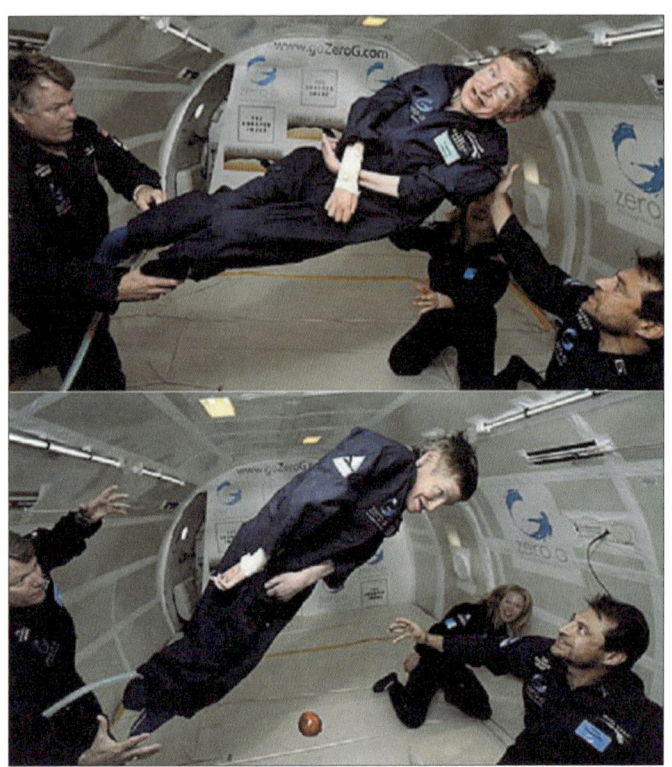

천재 물리학자 호킹 박사는 근육무력증이라는 병에 걸려서 걷기는커녕 거의 움직이지 못했다. 하지만 우주 여행을 했을 때 호킹 박사는 무중력 상태에서 자유롭게 몸을 움직이는 체험을 했다.

상태가 되면 마치 물속을 헤엄치듯이 공중을 날아다닐 수도 있어 아주 신기한 경험을 할 수 있어요. 그런데 이런 상태로 오랫동안 있게 되면 몸이 약해져서 건강에 문제가 생길 수 있다고 해요. 잠깐 동안은 괜찮지만 우주에 사람이 살 수 있는 우주 정거장 같은 것을 만들어 생활한다면 문제가 될 수 있지요. 그래서 사람들은 우주 정거장이 빙글빙글 돌아가게 하여 원심력을 이용해 인공적으로 중력을 만드는 방법을 고안하고 있답니다.

  드래곤볼이라는 만화를 보면 손오공이 훈련을 하기 위해서 지구보다 중력이 10배나 큰 별에 가는 장면이 나와요. 이와 같이 다른 별이나 행성에서는 지구의 중력과는 크기

가 다른 중력을 경험하게 되지요. 그럼 중력이 가장 큰 별은 무엇일까요? 바로 블랙홀이에요. 블랙홀은 별이 엄청나게 크게 압축되어 있는 상태이기 때문에 중력이 너무나 커서 모든 물체들이 다 블랙홀로 빨려 들어가게 되지요. 심지어 빛조차도 끌려들어가 빠져나오지 못하기 때문에 검은색으로 보여 블랙홀이라고 부른답니다.

유빈 뉴턴에 대해서 좀 더 알려 주세요.

히데키 힘에 대해서 이야기할 때 뉴턴은 필수적으로 알아야 할 과학자예요. 앞에서도 뉴턴에 대해서 이야기했지만 과학자 뉴턴에 대해서는 조금 더 설명할 필요가 있을 것 같네요.

몇 년 전에 한 설문조사에서 지난 천 년 동안 가장 위대한 과학자가 누구냐는 질문에 뉴턴이 뽑혔어요. 사실 아인슈타인과 같은 위대한 과학자도 있지만 뉴턴은 그보다도 훨씬 위대한 과학자로 존경받고 있지요. 뉴턴은 과학에 대한 업적 자체로도 중요하지만 공학, 경제학, 철학에 이르기까지 많은 분야에 두루 영향을 미쳤기 때문이에요.

앞에서 이야기했던 뉴턴의 생가에 가보면 사과나무가 있는데 이것을 보고 만유인력을 알아냈다고 했잖아요? 그때가 바로 1666년이랍니다. 뉴턴이 대학을 갓 졸업할 당시였어요. 그런데 졸업을 한 뉴턴이 왜 시골에 있는 고향으로 돌아갔는지 궁금하지 않아요? 그것은 학교가 문을 닫았기 때문이랍니다. 그 당시 영국에는 흑사병이라는 심한 전염병이 돌았어요. 그래서 학교가 문을 닫아 뉴턴은 고향으로 갈 수밖에 없었지요.

고향에서 머문 2~3년 동안 뉴턴은 세상에 길이 남길 만유인력의 이론뿐만 아니라 광학이론, 미적분학이라는 수학이론 등의 기틀을 마련했어요. 그래서 우리는 1666년을 '기적의 해'라고도 부른답니다. 젊은 나이에 이런 커다란 업적을 남겨 우리는 뉴턴을 세상에서 가장 천재적인 과학자라고도 이야기해요.

뉴턴에 대해서는 재미있는 일화가 몇 가지 더 있어요. 사실 우리는 과학자의 업적도 좋아하지만 그 엉뚱함도 재미있어 하잖아요.

 빛에 대해서 관심이 많았던 뉴턴은 프리즘을 이용해서 빛이 여러 가지 색으로 합쳐져 있다는 것을 알아냈어요.

 뉴턴이 과학자로 유명해지게 된 것도 반사망원경을 처음 만들었기 때문이에요. 뉴턴은 한쪽 눈을 감은 상태에서 다른 쪽 눈으로 태양을 계속 쳐다보다가 다른 곳을 보면 눈에 잔상이 남는 현상을 계속 실험하다가 그만 실명할 위험에 처하기도 했었죠.

 이처럼 무모하게 보이는 위험한 실험도 거침없이 해낼 만큼 뉴턴은 호기심을 해결하기 위해 많은 노력을 기울인 과학자였답니다.

제 **4**장
핵심정리

- 질량을 가진 물체는 서로 잡아당기는 힘이 있는데 이를 만유인력이라고 한다.

- 만유인력의 크기는 질량에 비례하고 거리의 제곱에 반비례한다.

- 지구에서 지구가 잡아당기는 힘을 중력이라고 하며, 만유인력의 크기와 원심력의 크기를 합한 양이다.

- 지구에서 중력의 세기는 위로 올라가면 올라갈수록, 땅속으로 들어가면 들어갈수록 작아진다.

제5장
서로 같은 성질은 밀어내요

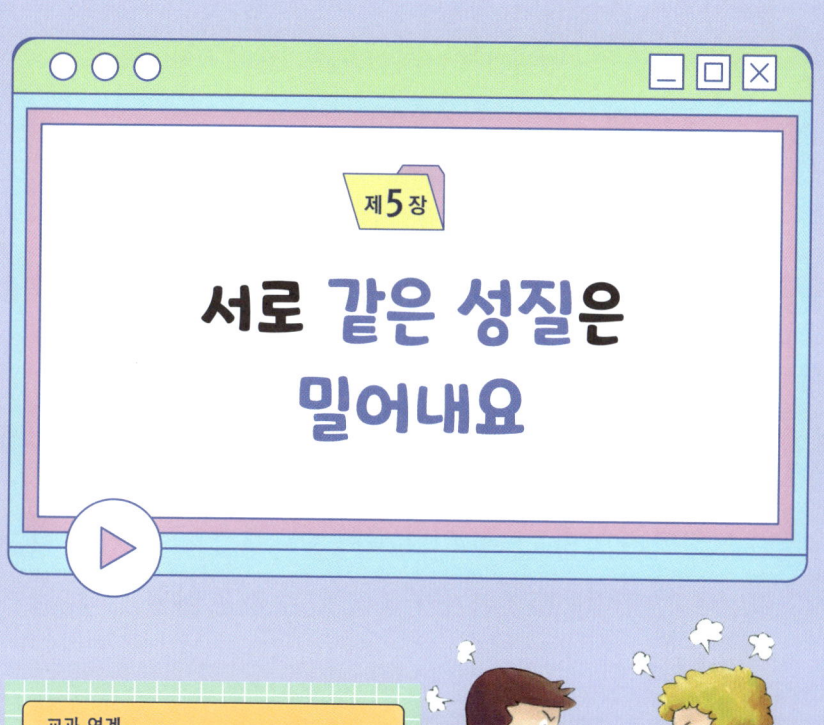

교과 연계
- 초등 3-1 | 2단원 : 자석의 이용
- 중등 1 | 2단원 : 여러 가지 힘

✏️ **학습 목표**

전기를 띤 입자들은 서로 밀거나 당기는데 이를 전기력이라고 한다. 전기력에 대해 알아보고, 서로 다른 물체를 마찰시켰을 때 전자는 어떻게 이동하는지 살펴본다. 그리고 자석 사이에 작용하는 힘인 자기력에 대해서도 학습한다.

유빈 머리를 빗을 때 빗에 머리카락이 자꾸 달라붙는데 그 이유는 무엇인가요?

히데키 책받침을 머리에 문질러 본 적이 있나요? 머리카락이 책받침에 달려 올라가서 재미있는 모습이 만들어지는 것을 보고 친구들끼리 장난친 경험이 있을 거예요. 그렇지 않으면 빗으로 머리카락을 빗을 때 가끔 머리카락이 빗에 붙어 올라가서 머리가 더 헝클어지는 경험은 어때요? 왜 이런 일이 나타날까요? 빗이나 책받침에 끈적이는 무엇인가가 붙어 있는 것은 아닐 텐데, 왜 그럴까요?

그 이유는 바로 우리가 지금 이야기할 또 다른 힘인 전기력 때문이에요. 전기력은 전기를 가진 입자들 사이에서 작용하는 힘을 말하지요. 그런데 중력이나 만유인력과는 달리 전기력은 서로 끌어당기기도 하지만 서로 밀기도 해요. 전기는 두 가지 종류가 있어요. 양(+)전기와 음(-)전기인데, 같은 전기끼리는 서로 밀어내고, 다른 전기끼리는 서로 잡아당깁니다. 이때 밀어내는 힘을 척력이라고 부르고 잡아당기는 힘을 인력이라고 불러요.

그럼 양전기와 음전기는 어떻게 생긴 것인지 이야기해 볼까요? 앞에서 원자 이야기를 했잖아요. 바로 이 원자에

서로 같은 성질은 밀어내요

서 전기 이야기를 했었는데, 원자는 원자핵과 전자로 이루어져 있습니다. 원자핵은 양전기를 띠고 있는 양성자와 전기적으로 중성인 중성자로 이루어져 있어 원자핵 전체는 양전기를 띠고 있습니다. 반면에 전자는 음전기를 띠고 있지요. 이 양전기와 음전기의 양이 같기 때문에 전체적으로는 전기를 띠고 있지 않아요.

책받침으로 머리카락을 문지르면 겉으로는 보이지 않지만 머리카락에 있는 전자들이 책받침으로 넘어가는 일이 일어나지요. 머리카락보다 책받침이 전자를 더 좋아하기 때문이에요. 그래서 책받침은 음전기를 띠고 있는 전자가 더 많아지기 때문에 음전기를 띠게 되고 반대로 머리카락은 전자를 잃어버려서 양전기를 띠게 되는 것입니다. 음전기를 띠는 책받침과 양전기를 띠는 머리카락이 서로 잡아당기는 것이지요. 이런 현상을 우리는 마찰전기 혹은 정전기라고 해요. 겨울철에 옷을 벗을 때 '찌직' 하는 소리도 나고 문을 열 때 정전기로 깜짝 놀라는 경우가 많은데 이건 모두 전자의 이동 때문에 나타나는 현상이에요.

재미있는 실험을 하나 해 볼까요? 물은 전기를 띠고 있지 않은 중성 상태입니다. 그런데 물 분자의 한쪽은 양전기를 띠고 다른 반대쪽은 음전기를 띠고 있는 극성 분자라고 합니다. 풍선을 머리카락으로 문지르면 풍선은 음전기를 띠게 되는데 흐르는 물줄기에 가까이 가져가면 물 분자 중에서 양전기 쪽이 풍선 방향으로 끌려오기 때문에 물줄기가 풍선 쪽으로 휘어지는 것을 볼 수 있어요.
　그런데 풍선이 없다고요? 아무 걱정하지 마세요. 정전기를 만들 수 있는 물체라면 아무거나 다 가능하니까요. 책상

정전기를 띤 물체를 물에 가까이 가져가면 마술처럼 물이 휘어진다.

서로 같은 성질은 밀어내요

위에 있는 책받침이나 볼펜, 플라스틱 자도 모두 물을 휘어지게 할 수 있어요.

유빈 자석끼리는 서로 밀기도 하고 당기기도 하잖아요. 그런데 자석이 아닌 클립은 어떻게 자석에 달라붙나요?

히데키 요즈음에는 집안의 냉장고와 교실의 칠판 그리고 학교 앞 문방구에서도 쉽게 자석을 볼 수 있지만 예전에는 자석 한두 개만 있으면 친구들의 부러움을 받을 정도로 신기하고 귀한 물건이었어요.

여러분들도 자석을 가지고 여러 가지 재미있는 장난을 해본 적이 많이 있겠죠? 잘 알다시피 자석은 못이나 클립 같은 쇠에 잘 달라붙어요. 그래서 쇠로 만들어진 냉장고에 자석이 잘 달라붙는 것이지요. 자석이 두 개가 있으면 더 재미있는 것을 해 볼 수 있습니다. 어떤 경우에는 서로 달라붙는데 또 어떤 경우에는 서로 밀쳐내지요. 이렇게 자석 사이에 밀고 당기는 힘을 자기력이라고 합니다. 즉 자석의 힘이지요.

자석에 철가루를 뿌리면 특정한 부분에 철가루가 더 잘 달라붙는 것을 볼 수 있어요. 보통 두 군데인데 이 부분을 자석의 극이라고 부릅니다. 하나는 N극, 다른 하나는 S극이에요. 그런데 자석은 N극과 S극은 서로 좋아해서 잡아당기지만, N극과 N극 그리고 S극과 S극끼리는 서로 밀어냅니다. 그런데 어떻게 못이나 클립 같은 쇠는 자석에 달라붙을까요? 그것도 S극에도 달라붙고 N극에도 달라붙잖아요.

그것은 못과 같은 쇠는 아주 작은 자석들이 모여서 만들어진 것으로 생각하면 쉽게 설명이 됩니다.

보통 이 작은 자석들은 일정한 규칙 없이 흐트러져 있습니다. 그래서 자석의 성질을 나타내지 않지요. 그런데 이 쇠못에 자석이 가까이 가게 되면 상황은 바뀌게 돼요. 쇠못 속에 있는 작은 자석들은 바깥에서 가까이 오는 자석에 의해서 방향을 바꾸어 나란하게 줄을 서게 됩니다. 즉, 쇠못

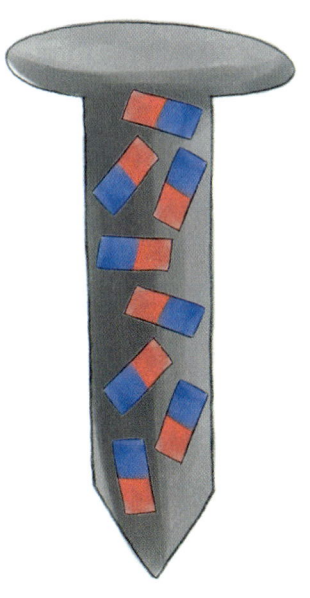

자체가 일시적으로 자석이 되는 것이죠. 그렇게 되면 다가오는 자석과 쇠못 사이에는 서로 반대의 극을 가지고 있어 서로 가까이 끌어당기는 거예요. 자석에 붙은 쇠못 아래에 다시 쇠못을 붙일 수 있는 것도 이런 이유 때문이에요.

자석은 오래전부터 일상생활에서 많이 사용되어 왔어요. 그중 가장 널리 이용된 것이 나침반이지요. 그런데 나침반이 어떻게 북쪽을 가리키는지 알고 있나요? 그것은 나침반의 바늘이 바로 자석으로 만들어져 있기 때문이에요. 앞에서 자석의 두 극을 N극과 S극이라고 했는데, N은 영어로 북쪽인 North에서 따온 것이고, S는 영어로 남쪽인 South에서 따온 거예요. 그러니까 나침반 자석의 N극은 북쪽을 가리키는 것이죠.

나침반의 N극이 지구의 북쪽을 가리키는 이유는 지구 자체가 큰 자석과 같기 때문입니다. 물론 지구 속에 큰 자석이 있는 것은 아니에요. 지구 내부의 외핵이라는 곳에 전기를 띠고 있는 물질들이 움직이고 있는데 이것이 지구가 자석과 같은 역할을 하게 만드는 것이랍니다. 한 가지 재미있는 사실은 나침반의 N극이 지구의 북쪽을 가리키니까 지구는 북쪽이 S극이고, 남쪽이 N극인 자석입니다.

 그럼 이 자석은 어디에 쓰일까요? 냉장고에 메모지를 붙이는 데나 장난감을 만드는 데도 물론 사용되지만 만약 자석이 없다면 우리 생활은 엄청나게 많이 바뀔 거예요. 자석이 쓰이지 않은 전기 기구는 별로 없기 때문이에요. 텔레비전이나 오디오에서 소리가 나는 스피커를 뜯어보면 자석이 들어 있습니다. 그리고 선풍기, 세탁기, 믹서 등과 같이 돌아가는 전동기를 뜯어보면 분명히 자석을 찾을 수 있어요.

전동기가 돌아갈 수 있도록 해 주는 힘을 우리는 전자기력이라고 불러요. 전기와 자석이 만나서 만들어지는 힘이라는 뜻이에요. 자석 주위에 전기가 흐르는 전선을 놓으면 이 전선은 힘을 받게 되는데 이 원리를 이용하여 계속 돌아가게 만든 것이 바로 전동기예요. 이렇듯 자석은 전기 못지않게 우리 생활에서 중요한 역할을 하고 있답니다.

제 5 장
핵심정리

- 전기를 띤 입자들은 서로 밀거나 당기는데 이를 전기력이라고 한다. 같은 전기끼리는 서로 밀어내는 척력이 작용하고, 다른 전기끼리는 서로 잡아당기는 인력이 작용한다.

- 서로 다른 물체를 마찰시키면 한쪽에서 다른 쪽으로 전자가 이동하는데 전자를 잃어버리면 양(+)전기를 띠고, 전자를 얻는 물체는 음(−)전기를 띤다.

- 자석 사이에 작용하는 힘을 자기력이라고 한다. N극과 N극, S극과 S극끼리는 서로 밀어내는 척력이 작용하고, N극과 S극 사이에서는 서로 당기는 인력이 작용한다.

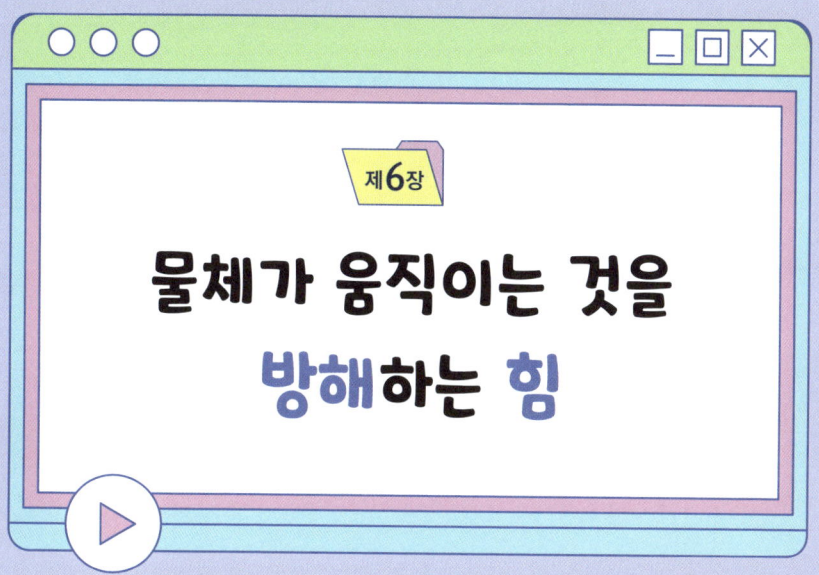

제6장
물체가 움직이는 것을 방해하는 힘

교과 연계

초등 4-2 | 4단원 : 물체의 무게
중등 1 | 2단원 : 여러 가지 힘

✏️ **학습 목표**

물체가 운동하는 것을 방해하는 힘을 마찰력이라고 한다. 마찰력에 대해 알아보고 우리 생활에 어떤 영향을 끼치는지 살펴본다. 그리고 원래대로 돌아가는 데 작용하는 힘인 탄성력에 대해 학습한다.

유빈 자동차는 바닥이 매끈한 길보다 울퉁불퉁한 길을 가는 것이 더 힘들다고 하던데 이것도 힘이랑 관련이 있나요?

히데키 2장에서 굴러가던 공이 멈추는 것에 대한 이야기를 했던 것을 기억하나요? 모든 물체는 힘을 받지 않으면 원래 움직이던 빠르기를 그대로 유지하면서 운동을 한다고 했지요. 그런데 바닥에 지우개를 놓고 밀면 빠르기가 점점 느려지다가 얼마 가지 못하고 멈추고 맙니다. 빠르기가 느려진다는 것은 지우개가 나가던 방향과 반대 방향으로 힘이 작용하고 있기 때문이에요. 이렇게 물체가 운동하는 것을 방해하는 힘을 우리는 마찰력이라고 부른답니다.

마찰이라고 하면 생활 속에서도 많이 사용하는 말이니까 어떤 것인지 대략 감을 잡을 수 있을 거예요. 중력이나 전기력, 자기력 등이 서로 떨어져 있을 때 작용하는 힘이라면 마찰력은 서로 맞닿아 있어야 작용하는 힘이랍니다. 그리고 맞닿아 있는 면에 따라서 마찰력의 크기도 달라요. 바닥이 매끈한 길보다는 울퉁불퉁한 길에서 자동차가 더 가기 힘든 이유도 길이 매끈할 때보다 울퉁불퉁할 때 더 큰 마찰력을 받기 때문이지요.

유빈 그럼 마찰력은 물체의 운동을 방해하는 힘이니까 나쁜 힘이네요.

히데키 물론 마찰력은 물체의 운동을 방해하는 힘입니다. 그렇다고 마찰력이 나쁜 힘이라는 생각은 하지 마세요. 마찰력이 아예 없으면 큰 문제가 벌어지니까요. 어떤 일이 일어날까요? 우선 우리는 걸어가지도 못할 거예요. 발이 땅을 박차고 앞으로 나아가는데, 이때 우리 몸을 앞으로 밀어내는 것이 바로 마찰력이죠. 아주 미끄러운 얼음판에서 잘 걸어가지 못하는 이유도 바로 마찰이 없기 때문이죠.

마찰이 없으면 자동차도 계속 헛바퀴 도는 것은 물론 커브 길에서는 길을 따라 나가지 못할 거예요. 마찰력이 휘어진 길을 따라서 휘어질 수 있도록 해 주거든요. 우리는 이

것을 비오는 날 확인할 수 있답니다. 물에서는 마찰력이 아주 작아지거든요. 그래서 비가 오는 날에는 속도를 줄여서 운전해야 안전하답니다.

그렇다고 마찰력이 무조건 좋은 것만은 아니에요. 마찰이 있으면 안 되는 경우도 많이 있죠. 여러분이 교실의 창문을 열 때 보면 어떤 창문은 아주 부드럽게 열리는데 어떤 창문은 아주 뻑뻑해서, 여는 데 힘이 많이 드는 경우가 있을 거예요. 이것도 마찰 때문이에요. 마찰이 크면 물체가 움직이기가 어려워요. 그래서 마찰을 줄이기 위해 많은 노력을 해야 하죠. 자동차와 같은 기계를 생각해 볼게요. 마찰이 크면 바퀴가 돌아가게 하는 데 많은 어려움이 있을 거예요. 그래서 기계들이 부드럽게 움직이게 하기 위해서는 기름을 칠하는 방법을 사용한답니다. 창문이 잘 열리지 않을 때 양초를 바르는 것도 좋은 방법이에요. 양초는 매끄럽게 해서 마찰을 줄여 주거든요.

유빈 고무줄을 잡아당겼다가 놓으면 다시 원래대로 돌아가는데 이것은 무슨 힘 때문인가요?

히데키 친구들이랑 고무줄로 새총을 만들어서 놀아본 적이 있나요? 고무줄을 잡아당겼다가 놓으면 다시 원래대로 돌아가는 것을 보고 탄성이 있다고 이야기하지요. 이때 원래대로 돌아가는 힘을 우리는

탄성력이라고 해요. 우리가 주위에서 볼 수 있는 힘 중에서 마지막 힘이라고 볼 수 있어요. 탄성이 있는 물체는 모두 탄성력을 가지고 있지요. 대표적인 것이 고무줄과 용수철이에요. 보통 고무줄은 늘렸을 때 다시 줄어드는 방향으로 힘이 작용하지만 용수철은 늘렸을 때뿐만 아니라 반대로 압축을 시켜도 원래대로 늘어나는 방향으로 힘이 작용하기도 해요. 그러니까 탄성력은 어떤 물체를 늘이거나 줄였을 때 원래대로 돌아가는 힘이라고 할 수 있어요.

고무줄이나 용수철을 약간 잡아당기는 것은 어렵지 않지만 더 많이 더 길게 잡아당기면 당기는 만큼 힘이 많이 드는 것을 느낄 수 있지요? 이것은 탄성력의 크기가 늘어난 길이에 비례해서 커지기 때문입니다. 하지만 고무줄을 계속 늘이면 당연히 끊어지게 되는데 이것은 고무줄의 탄성한계를 넘어섰기 때문이에요. 많은 물체들이 약간은 탄성을 가지고 있어서 물체에 변형을 주어도 원래대로 돌아가지만 어느 정도를 벗어나면 바뀐 모양대로 남아 있게 되죠. 고무줄이나 용수철도 같지만 이 두 가지는 탄성 한계가 아주 크답니다.

제6장 핵심정리

- 물체가 운동하는 것을 방해하는 힘을 마찰력이라고 한다.

- 마찰을 줄여야 하는 경우도 있지만 마찰이 없으면 걸을 수도 없기 때문에 우리에게는 꼭 필요한 힘이다.

- 고무줄이나 용수철을 늘렸을 때 원래대로 돌아가는 데 작용하는 힘을 탄성력이라고 한다.

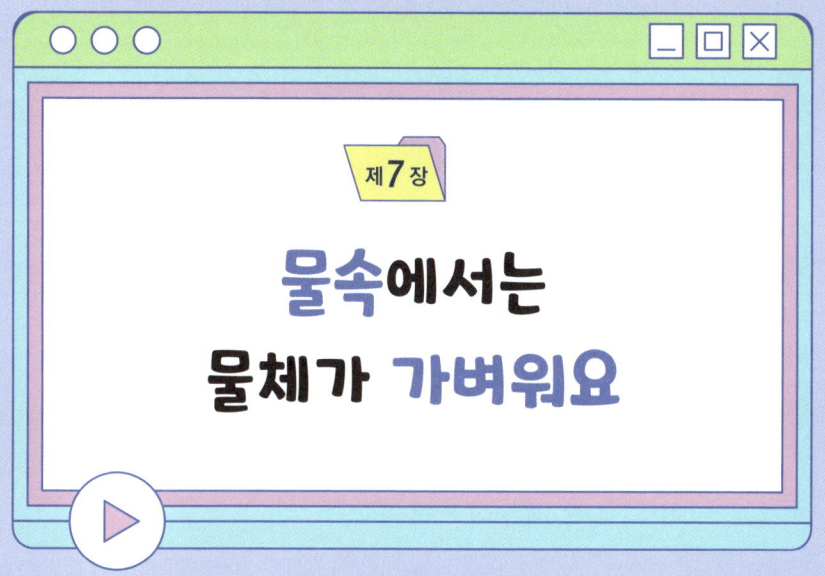

제 7 장
물속에서는 물체가 가벼워요

교과 연계
중등 1	6단원 : 부력

✏️ **학습 목표**

물속에 들어가면 물에 의한 압력에 의해서 물 위쪽으로 힘을 받게 되는데 이것을 부력이라고 한다. 부력에 대해 알아보고 물체의 부피와의 관계도 학습한다. 그리고 아르키메데스의 이야기를 통해 부력의 원리를 살펴본다.

유빈 전에 물속에 있는 큰 돌을 꺼냈는데 물 밖에 나오자마자 돌이 갑자기 무거워지던데, 왜 그런 거예요?

히데키 물속에 있는 물체를 들어본 경험을 말하는 건가 보네요. 여름철 냇가에서 물속에 있는 큰 돌을 물 밖으로 꺼내면 갑자기 무거워졌다는 것은 반대로 무거운 돌이 물속에서는 가벼워진다고 생각할 수 있잖아요? 물속에서 가벼워지는 이유는 우리가 이야기할 새로운 힘인 부력 때문이랍니다.

한자인 부력浮力의 뜻을 풀어보면 '뜨는 힘'이에요. 모든 물체는 지구의 중력에 의해서 지구 중심 방향으로 힘을 받아 떨어지잖아요. 그런데 물 위에 나무를 놓으면 나무는 지구에 의한 중력 때문에 내려가야 하는데 실제로는 물 위에 둥둥 떠 있어요. 물속에 밀어 넣으면 다시 위로 떠오르지요. 즉, 물속에 들어 있는 나무는 지구가 잡아당기는 힘의 방향과 반대 방향인 위쪽으로 무언가의 힘을 받고 있기 때문이라고 생각할 수 있겠죠? 그 힘이 바로 부력이랍니다.

 유빈 그럼 부력은 누가 알아낸 힘인가요?

 히데키 사실 부력이라는 힘이 있다는 것은 경험적으로 아주 오래전부터 알아왔던 것일 거예요. 물속에 들어가면 가벼워진다는 것은 유빈 학생도 알고 있는 사실이니까요. 그런데 이것이 어떤 힘 때문인지를

프랑스의 과학관 '발견의 전당'에는 새로운 과학적 발견을 이루라는 뜻의 '유레카'(Eureka) 전시관이 마련되어 있다.

밝힌 것은 바로 아르키메데스라는 고대 그리스의 과학자랍니다. 지금으로부터 2200년도 더 전에 살았던 과학자니까 부력에 대한 연구는 상당히 오랜 역사를 가지고 있는 셈이죠.

아르키메데스와 부력에 대한 아주 유명한 일화가 있습니다. 아마 들어봐서 아는 이야기일 수도 있어요.

아르키메데스가 살던 나라의 왕은 새로 만든 금관에 은이 섞여 있을지도 모른다는 소문을 들었답니다. 그래서 왕은 아르키메데스에게 이 사실을 확인하라는 명령을 내렸습

니다. 아르키메데스는 그것을 밝히기 위해서 많은 노력을 했지만 쉽게 해결하지 못했어요.

그런데 그것을 알아낸 것이 바로 목욕탕에서였지요. 목욕탕에 들어갔더니 물이 넘쳐났고, 물속에서는 몸이 가벼워진다는 부력의 원리를 알아낸 거예요. 아르키메데스는 기쁜 나머지 옷도 입지 않고 벌거벗은 몸으로 "알아냈다"는 뜻의 '유레카'를 외치면서 목욕탕에서 뛰쳐나왔다고 해요. 이 '유레카'라는 말은 지금도 새로운 발견이나 발명을 말할 때 많이 사용되고 있어요.

유빈 그런데 어떻게 물속에서 몸이 가벼워진다는 것을 통해서 왕관이 순금이 아니라는 것을 알아냈나요?

히데키 그렇죠. 물속에 들어가면 몸이 가벼워진다는 것만으로는 왕관이 순금으로 되어 있는지 아닌지를 알기는 어렵지요.

어떤 사람은 가득 물이 차 있는 욕조 속에 들어가면 물이 넘쳐난다는 사실을 아르키메데스가 알아냈다고 생각하곤

한답니다. 물론 이 방법을 이용해도 왕관이 순금으로 되어 있는지 아닌지를 알아낼 수는 있어요.

우리가 물 위에 뜨는 물체와 가라앉는 물체를 구분할 때 보통 '가벼우면 뜨고 무거우면 가라앉는다'고 이야기합니다. 그런데 실제로 무겁다고 다 가라앉는 것은 아니에요. 1킬로그램의 쇳덩이는 물에 가라앉지만 100킬로그램의 나무는 물에 뜨니까요. 그러니까 무겁다거나 가볍다라는 말은 물에 뜨고 가라앉는 것과는 별 관련이 없는 말입니다. 정확하게 말하면 같은 크기인 경우에 더 무거운지 가벼운지를 비교해야 되는 것이죠. 이렇게 같은 크기(부피)에 대해서 얼마큼 무거운지를 나타내는 양이 밀도랍니다.

금은 은보다 밀도가 크기 때문에 왕관을 만들 때 은이 첨가되었다면 부피를 더 크게 했을 거예요. 무거운지 가벼운지는 저울을 이용하면 쉽게 알아낼 수 있었으니까 부피를 다르게 해서 속인 것이지요. 그래서 같은 무게의 금과 왕관을 물에 넣어 넘친 물의 양을 재었을 때 넘친 양이 같으면 왕관은 순금으로 된 것이고, 왕관 쪽이 더 많은 물이 넘쳤다면 그것은 왕관에 금보다 밀도가 작은 불순물이 섞인 것이니까요. 금보다 싼 것 중에 금보다 밀도가 큰 것은 없거든요. 어떤 사람들은 이것을 아르키메데스의 원리라고 이야기한답니다. 그런데 사실 그건 틀린 것이에요. 물에 들어가서 물이 넘치는 것은 아르키메데스가 아니더라도 누구나 알 수 있는 것일 테니까요. 그리고 그때 넘친 물의 양을 정확하게 측정하는 것도 어렵구요.

유빈 그럼 아르키메데스의 원리는 무엇이에요? 왕관이 순금이 아니라는 것을 알아낸 방법이 앞에서 말씀하신 것과는 다른 방법이었나요?

히데키 지금 우리가 이야기하고 있는 것이 바로 부력이잖아요. 물속에서 가벼워진다는 부력의 존재는 전에도 이야기한 것처럼 누구나 알고 있는 사실이지만 실제로 부력의 크기가 어느 정도인지에 대해서는 몰랐어요. 그런데 아르키메데스가 부력의 크기를 알아낸 것이지요.

물속에 들어가면 압력을 받잖아요? 이렇게 물체 주위에 물이 있으면 물체 사방으로 압력이 가해지는데 이 압력이 바로 부력을 만드는 것이랍니다. 물이 깊어지면 깊어질수록 큰 압력을 받기 때문에 아래쪽에서 위쪽으로 밀어 올리는 방향의 압력이 위쪽에서 아래쪽으로 누르는 압력보다 더 크잖아요. 그래서 물속에 들어가면 위쪽으로 힘을 받게 되는데 이것이 바로 부력이랍니다.

그럼 얼마만큼의 힘을 받을까요? 물체가 크면 클수록 더 큰 힘을 받게 된답니다. 결론부터 이야기하면 물체가 받는 부력의 크기는 물체의 부피에 해당하는 물의 무게와 같답니다. 좀 어렵죠? 보다 쉽게 예를 들어 설명해 줄게요.

사방 크기가 1미터 되는 큰 상자가 있다고 상상해 봐요. 그 상자의 부피는 '가로×세로×높이'를 이용하면 $1㎥$가 됩니다. 이 정도 크기의 물의 무게는 1톤이에요. 그럼 이 상자가 물속에 들어가면 1톤만큼 가벼워진답니다.

그럼 이 상자가 쇠로 만들어졌다고 해 볼까요. 사방이 1미터나 되는 큰 쇠가 있을지 모르지만 이 쇠상자의 무게는

약 7.9톤 정도예요. 물속에 들어가면 이 쇠상자는 1톤이 가벼워져서 6.9톤 정도의 무게가 되는 것이지요. 1톤 정도 가벼워진다는 것이 그리 크지는 않죠? 그것은 쇠가 워낙 밀도가 크기 때문이죠.

 만약 이 상자가 쇠가 아닌 다른 것으로 만들어져 있다고 생각해 볼까요? 나무로 되어 있다고 생각해 보죠. 나무는 속에 빈 공간이 많이 있어요. 물과 양분이 지나가는 통로라고 생각하면 된답니다. 물의 밀도가 1g/㎤인데, 나무는 이보다 밀도가 더 작아요. 정확한 값은 나무마다 다르지만 계산을 쉽게 하기 위해서 나무의 밀도가 0.9g/㎤라고 할게요. 그럼 부피가 1㎥인 나무덩어리의 무게는 900킬로그램

이 됩니다. 이 나무가 물속에 잠기면 위에서 말한 것처럼 1톤의 부력을 받게 된다고 했잖아요? 그럼 지구가 잡아당기는 아래쪽 방향의 900킬로그램보다 물 위쪽으로 받는 부력의 크기인 1톤이 더 크기 때문에 결국 물 위쪽으로 떠오르게 됩니다. 바로 이것이 물에 뜨고 가라앉는 이유에 대한 정확한 대답이 되지요.

물보다 밀도가 크면 가라앉고 물보다 밀도가 작으면 뜬다.

쉽죠? 그렇다면 쇠를 물 위에 뜨게 하려면 어떻게 해야 할까요? 쉽게 답할 수 있나요? 바로 부피를 크게 하는 것이랍니다. 부피를 크게 하기 위해서는 오목하게 만들어서 내부를 공기로 채워 넣으면 되는 것이죠. 우리가 쇠로 만든 배를 타고 물 위에 뜰 수 있는 것도 바로 이 방법을 이용한 것이랍니다.

아르키메데스는 바로 이런 원리를 알아낸 것이에요. 물속에 들어가면 가벼워지는데 이 가벼워지는 부력의 크기는 부피가 클수록 더 크다는 것을 말이에요. 그래서 아르키메데스는 왕의 왕관과 같은 무게를 가진 금덩어리를 저울의 양쪽에 매달았답니다. 당연히 공기 중에서는 수평을 유지하겠죠. 그리고는 이 금덩어리와 왕관을 물속에 넣었어요. 그럼 어떤 일이 벌어질까요? 물속에서는 부력을 받아서 가벼워지잖아요. 그런데 왕관이 순금으로 만들어져 있지 않았다면 어떤 일이 벌어질까요? 순금으로 되어 있지 않은 왕관은 같은 무게의 금덩어리보다 부피가 더 클 테니까 더 큰 부력을 받아서 더 많이 가벼워지겠죠. 그래서 저울이 금덩어리 쪽으로 기울어지게 되는 것이랍니다. 바로 이것을 이용해서 왕관이 순금으로 만들어지지 않았다는 것을 알아냈답니다.

유빈 아르키메데스에 대해서 좀 더 알려 주세요.

히데키 그렇지 않아도 아르키메데스에 대해서는 좀 더 이야기하려고 했는데 잘 되었네요. 아르키메데스는 아주 오래전에 살았던 사람이지만 굉장한 과학적 업적을 많이 이루었답니다. 위에서 설명한 아르키메데스의 원리도 그렇고, 지레나 도르래의 원리도 알아내었죠. 그는 또 새로운 무기의 개발에도 앞장섰다고 해요.

아르키메데스가 살았던 나라는 그리스의 시라쿠사로, 로마와 카르타고의 전쟁에 휘말려 로마군과 싸우게 되었답니다. 아르키메데스는 자신의 나라가 황폐화되는 것을 막기 위해서 70세가 넘은 나이에도 불구하고 투석기나 기중기와 같은 지레의 원리를 이용한 무기를 만들어서 로마군을 괴롭혔다고 해요.

제 7 장 핵심정리

- 물속에 들어가면 물에 의한 압력에 의해서 물 위쪽으로 힘을 받게 되는데 이것을 부력이라고 한다.

- 물체가 받는 부력의 크기는 물체의 부피에 해당하는 물의 무게와 같다. 이것을 아르키메데스의 원리라고 한다.

- 물속에서는 물보다 밀도가 작은 물체는 뜨는데, 이것은 부력의 세기가 중력의 세기보다 더 크기 때문이다.

- 아르키메데스는 부력의 원리를 이용해서 왕관이 순금으로 이루어졌는지 그렇지 않은지를 알아냈다.

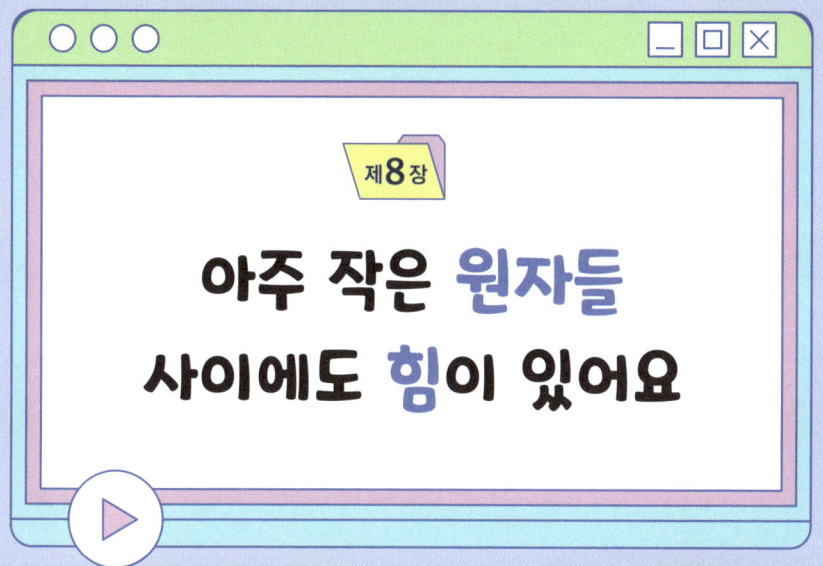

제8장
아주 작은 원자들 사이에도 힘이 있어요

교과 연계

중등 2 | 1단원 : 물질의 구성

학습 목표

원자가 어떻게 구성되어 있는지 알아보고, 양성자와 중성자로만 이루어진 원자핵이 강하게 결합되어 있는 원인을 살펴본다. 또 이 원인을 밝혀낸 히데키는 어떻게 이 사실을 밝혀냈는지 배워 본다.

유빈 우리가 주위에서 볼 수 있는 힘들은 이제 다 이야기한 것 같은데, 그럼 히데키 선생님은 어떤 힘을 알아내신 건가요?

히데키 우리가 앞에서 살펴본 힘들은 중력, 전기력, 자기력, 마찰력, 탄성력 등이지요. 모두 한 번쯤은 생활 주변에서 보고 느꼈던 것이에요. 이런 힘들에 대해서 알게 된 것은 아주 오래전이랍니다. 그럼 내가 알아낸 힘은 과연 무엇일까요? 그건 우리가 생활 속에서 경험하기는 어려운 힘이랍니다. 이 세상을 구성하는 아주 작은 원자들 속에서 일어나는 힘, 바로 핵력이지요.

 이 세상을 구성하는 것이 무엇인지에 대해서 오래전부터 많은 사람들이 관심을 가져왔죠. 아주 오래전 그리스의 철학자 아리스토텔레스는 이 세상이 물, 불, 공기, 흙 등의 네 가지 원소로 만들어졌다고 주장했어요.
 그 후 데모크리토스는 물질을 계속 쪼개면 더 이상 쪼개지지 않는 아주 작은 입자가 된다고 주장했지만, 사람들이 워낙 아리스토텔레스의 주장을 강하게 믿고 있었기 때문에

19세기가 될 때까지도 인정받지 못했지요. 사람들이 원자라는 것을 받아들이게 된 것은 영국의 과학자 돌턴의 '원자설' 덕분입니다.

원자는 아주 작기 때문에 많은 사람들이 그 속에 또 무엇이 있는지 알기 어려웠어요. 현미경으로도 볼 수 없을 만큼 작았으니까요. 그러다가 조금씩 원자도 그 속에 또 다른 것들이 모여서 만들어진 것이라는 사실이 밝혀지기 시작했어요.

유빈 그럼 원자는 더 이상 쪼개질 수 없다고 말한 돌턴도 잘못 생각한 것이겠네요.

히데키 네, 그래요. 원자는 쪼개질 수 없는 것이 아니에요. 원자도 여러 가지로 이루어져 있습니다. 그중에서도 가장 먼저 발견된 것이 바로 전자이지요. 우리가 전기, 전류 등에서 사용하는 '전電'이라는 글자도 바로 '전자'의 일렉트론^{electron}에서 따온 말이에요. 전자는 전기 현상을 일으키는 기본 입자랍니다. 전자는 전기적으로 음(−)을 나타낸다는 사실이 밝혀졌는데, 원자는 중성이거든요.

그러면 원자 내부에 양전기를 띤 무엇인가가 모여 있을 거라고 생각할 수 있지요. 그래서 과학자 톰슨은 원자 내부에 음전기를 띤 전자와 양전기를 띤 무엇인가가 서로 고르게 분포하고 있을 거라고 추측했답니다.

이 모델을 바꾼 것은 러더퍼드라는 과학자예요. 뉴질랜드에서 태어난 러더퍼드는 영국의 맨체스터에서 원자의 구조를 밝히는 연구를 했어요.

러더퍼드는 알파선이라는 입자를 얇은 금속박에 쏘이는 실험을 하다가 금속박을 뚫고 지나갈 거라고 생각한 알파

선 중 일부는 다시 튕겨져서 되돌아오는 것을 발견했어요. 그것은 마치 두부에 돌을 던졌는데, 돌이 튕겨져 나오는 것과 같은 놀라운 것이었지요. 러더퍼드는 이 현상을 보고 원자는 양전기를 띠고 있는 원자핵이 가운데에 있고 전자가 그 원자핵을 돌고 있어 그 사이의 대부분은 빈 공간으로 이루어져 있다는 새로운 원자모형을 제시했어요.

내가 관심을 갖게 된 것은 바로 이 러더퍼드의 원자모형에서부터 출발합니다. 원자핵의 내부 구조가 조금씩 파헤쳐지기 시작했지만 원자의 내부 구조를 연구하는 것은 어려운 일이었기 때문에 많은 과학자들이 손대기 힘들었던 부분이었지요. 이처럼 무조건 쉬운 것이 아니라 도전할 만한 가치가 있는 것을 나는 좋아했답니다.

그렇다고 내가 손쉽게 그 구조를 알 수 있었던 것은 아니에요. 많은 연구를 거듭했음에도 불구하고 쉽게 해결할 수 없었죠. 그래서 아주 초조한 마음이 들었답니다. 게다가 원자핵의 내부에는 양전기를 띠고 있는 양성자뿐만 아니라 전기적으로 중성인 중성자도 존재한다는 사실들이 밝혀졌어요.

유빈 히데키 선생님이 관심을 가진 것이 바로 이 원자핵에 대한 것이겠네요.

히데키 네, 맞아요. 수많은 과학자들이 연구를 통해서 많은 것을 알아내었지만, 그럼에도 불구하고 알아내지 못한 것이 한 가지 있었어요. 그것은 바로 원자핵이 어떻게 깨지지 않고 뭉쳐 있느냐는 것이었어요.

앞에서 전기력에 대해 이야기하면서 서로 같은 전기를 띤 입자들은 서로 밀어낸다고 했죠. 그렇다면 원자핵 속에 있는 양성자들은 서로 밀어내서 깨져야 하지요. 원자핵 속에는 전기적으로 중성인 중성자와 양전기를 띤 양성자만 있고 음전기를 띤 입자들이 없잖아요. 그래서 전기력만 생각하면 서로 밀쳐내는 힘만 있고 서로 끌어당기는 힘은 없는 것이지요.

만유인력이 서로 끌어당기는 힘으로 작용한다고요? 물론 만유인력은 서로 끌어당깁니다. 그렇지만 양성자나 중성자들은 워낙 가볍기 때문에 서로 끌어당기는 만유인력의

힘은 서로 밀어내는 전기력의 힘에 비하면 무시할 수 있을 정도로 매우 약하지요. 그래서 많은 과학자들이 원자핵 내부에서 양성자와 중성자들을 서로 결합시키는 힘의 존재를 아주 궁금해 했답니다.

나는 바로 이것에 주목했죠. 그 당시에도 많은 과학자들이 양성자들이 서로 깨지지 않고 뭉쳐 있는 것은 어떤 새로운 무엇인가가 있기 때문일 것이라고 생각했습니다. 하지만 그것이 실제로 존재하는지 아닌지도 모르는 상황에서 설명한다는 것은 어려운 일이라고 생각했어요.

그런데 나는 조금 다르게 생각했어요. 있지도 않은 것이지만, 있다고 생각하면 문제가 쉽게 해결될 수 있기 때문이었죠. 양성자와 중성자 사이에 어떤 입자가 있어서 양성자와 중성자들이 이 입자를 서로 주고받으면서 결합되어 있다고 생각했어요.

물론 처음에는 이 이론이 사람들에게 인정받지는 못했어요. 그런데 2년 정도 지난 다음에 미국의 과학자들이 새로운 입자를 발견했는데 그것이 내가 가정한 입자와 비슷했지요. 내가 '있지 않을까?'하고 가정했던 입자는 이로써 실제 존재하는 것으로 입증되었습니다. 바로 이 입자를 '중간자'라고 부른답니다.

유빈 원자핵이 강하게 결합되어 있다고 했는데, 어떻게 깨뜨릴 수 있나요? 깨야 무엇이 있는지 알 수 있지 않나요?

히데키 네, 유빈 학생의 말이 맞아요. 원자핵 내부에서 양성자와 중성자들을 결합시키는 핵

프랑스와 스위스 국경에 있는 입자물리가속기연구소 'CERN'에 있는 입자가속기가 움직이는 영역

력은 아주 강해서 웬만해서는 깨지지 않는답니다.

그래서 많은 과학자들이 원자핵 속에 무엇이 있는지 연구하기가 어려웠죠. 이것을 깨뜨리는 방법은 아주 빠르게 만들어서 충돌시키는 것이에요. 고속도로에서 빠르게 움직이던 자동차가 충돌하면 자동차가 산산조각 나는 것처럼 강하게 뭉쳐 있던 원자핵도 아주 빠르게 만들어서 충돌시키면 쪼개질 수 있답니다.

그런데 이렇게 작은 입자를 아주 빠르게 만드는 것은 간단한 일은 아니에요. 이것을 가능하게 하는 기계를 입자가속기라고 부르는데, 워낙 건설 비용이 많이 들기 때문에 많은 나라에서 마음을 합하여 만들고 공동으로 연구에 활용하고 있답니다. 프랑스와 스위스 국경에 있는 입자물리가속기연구소인 'CERN'에 있는 입자가속기는 하나의 도시만한 규모랍니다.

제8장
핵심정리

- 원자는 양성자와 중성자로 이루어진 원자핵과 그 주위를 돌고 있는 전자로 구성되어 있다.

- 양전기를 띠고 있는 양성자와 전기적으로 중성인 중성자로만 이루어진 원자핵이 강하게 결합하고 있는 이유는 중간자라는 입자를 서로 주고받으면서 작용하는 핵력이 있기 때문이다.

- 히데키는 중간자의 존재를 예측한 연구 결과로 1949년 노벨 물리학상을 받았다.

제9장

질량과 무게는 어떻게 다른가요?

교과 연계

초등 4-2 | 4단원 : 물체의 무게
중등 1 | 2단원 : 여러 가지 힘

✏️ **학습 목표**

물체의 빠르기가 힘과 질량의 변화에 따라 어떻게 변하는지 알아본다. 질량은 한 물체가 지닌 일정한 양으로 어느 곳에서 측정해도 그 크기는 달라지지 않는다. 이런 질량과 무게는 어떻게 다른지 학습한다.

유빈 질량과 무게는 잘 구별이 가지 않아요. 자세하게 설명해 주세요.

히데키 그래요. 앞에서 질량이라는 용어를 설명하지 않고 그냥 사용했네요. 그런데 설명을 들으면서 질량이 무엇이라고 생각했나요? 아마도 내 생각에는 무게랑 비슷한 거라고 생각했을 것 같은데……. 그렇게 생각했다면 유빈 학생이 제대로 알고 있는 거라고 볼 수 있어요. 질량은 무게와 비슷한 거니까요. 그래서 생활 속에서는 무게와 질량을 구별하지 않고 사용한답니다. 그런데 과학에서는 구별할 필요가 있어요. 정확하게 설명해야 하니까요.

질량이 처음 나온 것은 힘에 대해서 이야기할 때 힘의 크기가 질량에 비례한다는 것이었죠. 즉 물체에 작용하는 힘의 크기는 질량과 빠르기의 변화량을 곱한 것이라고 했잖아요. 이 식을 다르게 써 볼게요.

$$빠르기의 변화량 = \frac{힘}{질량}$$

물체의 빠르기의 변화량은 작용한 힘의 크기에 비례하고 질량에 반비례한다는 식으로, 사실은 뉴턴의 운동법칙을 나타내는 식과 같은 식이랍니다. 이 식으로 질량이 무엇인지 생각해 봅시다.

어떤 물체가 있다고 할게요. 이 물체에 힘을 주었어요. 그럼 어떻게 되죠? 물체의 운동 상태가 변한다고 했잖아요? 그 운동 상태가 바로 물체의 빠르기의 변화량입니다. 힘을 두 배로 주면 빠르기의 변화량도 두 배 변하고, 힘을 세 배 주면 빠르기의 변화량은 세 배가 됩니다. 힘을 많이 주면 줄수록 물체는 더 많이 변하지요. 이것은 그렇게 어려운 이야기는 아니죠.

그럼 이제 물체가 두 개 있다고 합시다. 이해하기 쉽게 친구 두 명을 정해 볼까요? 한 명은 우리 반에서 가장 무거운 친구이고 다른 한 명은 우리 반에서 가장 가벼운 친구예요. 이제 두 친구를 똑같은 힘으로 밀어 보세요.
자, 어떤가요? 두 친구가 움직이는 정도는 당연히 무거운 친구보다 가벼운 친구가 더 많이 더 빠르게 움직이게

될 거예요. 우리는 무거운 친구에게 '묵직하다'라는 말을 사용할 수 있지요. 바로 이 묵직한 정도를 질량이라고 합니다. 같은 힘을 주더라도 묵직한 정도가 크다면 물체의 빠르기 변화량은 작고 묵직한 정도가 작게 되면 물체의 빠르기 변화량은 크게 되는 것이지요.

아직도 무게랑 질량이랑 잘 구별이 가지 않는다고요? 그래도 걱정하지 마세요. 이 장을 다 읽을 때 즈음이면 어느 정도 구별할 수 있을 테니까요. 그럼 무게가 무엇인지 이야기해 볼까요?

용수철이 있다고 상상해 봐요. 이 용수철에 추를 달면 용수철이 늘어나잖아요. 만약 용수철에 추를 2개 달면 2배만큼 더 늘어날 거예요. 왜 늘어날까요? 당연히 용수철의 무게 때문에 늘어난 것이겠지만, 그보다도 더 근본적인 원인은 바로 지구 때문입니다. 지구가 잡아당기기 때문이지요. 앞에서 질량을 가진 물체는 서로 잡아당기는 만유인력이 작용한다고 했잖아요. 이렇게 지구가 잡아당기는 세기가 바로 무게랍니다. 그러니까 무게는 바로 힘을 말하는 것이죠. 따라서 "유빈의 몸무게는 20kg이다"라고 말하면 그것은 잘못된 말입니다. 킬로그램(kg), 그램(g) 등은 질량의 단위이지 무게의 단위는 아니니까요. 무게의 단위는 뉴턴(N)이나 킬로그램힘(kgf) 같은 단위를 사용해야 맞는 것이거든요.

그런데도 왜 우리는 무게의 단위를 킬로그램과 같은 질량의 단위로 사용하고 있는 것일까요? 이렇게 사용해도 별 문제는 없는 것일까요? 사실 과학자들 역시 몸무게가 어느 정도냐고 물어보면 거의 대부분은 '킬로그램'의 단위로 대답할 거예요. 그러니까 여러분들이 몸무게의 단위를 '킬로그램'으로 쓴다고 잘못된 것은 아니에요. 물론 과학적으로 보면 조금은 잘못된 것이지만요.

이렇게 무게의 단위를 킬로그램이나 그램으로 사용할 수 있는 것은 바로 무게가 질량과 관련이 있기 때문입니다. 힘의 크기가 질량에 비례한다고 했잖아요. 그러니까 질량이 크면 무게도 크고, 질량이 작으면 무게도 작기 때문에 질량이 10킬로그램인 물체가 받는 무게는 10킬로그램힘이고, 질량이 50킬로그램인 물체가 받는 무게는 50킬로그램힘이거든요. 그러니까 그리 큰 문제가 되지 않습니다.

유빈 달에 가면 무게가 작아진다는 말이 있는데 진짜예요?

히데키 네, 맞습니다. 달에 가면 무게가 작아집니다. 앞에서 질량과 무게에 대해서 이야기했는데, 사실 아직도 잘 구별이 가지 않을 거라고 생각해요. 지구와 달을 비교하면서 무게 이야기를 좀 해 볼게요.

달에 가면 가벼워진다는 말을 많이 들었을 거예요. 직접 달에 가본 사람이 그리 많지 않아서 직접 확인해야만 믿는 사람은 못 믿겠다고 우길 수도 있지만, 과학자들은 가보지도 않고 달에서 몸무게를 재면 작아진다는 것을 알아냈어요. 이유는 무게가 바로 힘이기 때문이에요.

우리가 몸무게를 잴 때에는 저울 위에 올라서잖아요. 저울은 바로 지구가 우리를 잡아당기는 정도가 어느 정도인지 측정하는 도구랍니다.

그런데 달에 가면 어떻게 되냐 하면, 달에서의 몸무게는 지구가 아니라 달이 잡아당기는 힘의 크기랍니다. 지구랑 달이랑 크기를 비교해 보면 지구가 훨씬 더 크잖아요. 그래서 지구보다 달이 더 작으니 달의 질량도 지구의 질량보다 훨씬 더 작지요. 그러니까 달이 우리 몸을 잡아당기는 정도는 지구가 우리 몸을 잡아당기는 정도에 비해서 작아진답니다. 얼마큼 작아지냐고요? 바로 6분의 1만큼 작아지게 돼요.

만약 내 몸무게가 30킬로그램이라고 하면(과학적인 용어로 쓰면 30킬로그램힘이죠), 달에서는 불과 5킬로그램(힘) 정도밖에 되지 않는 것이죠. 지구에서는 두 손으로 감싸 안아야 간신히 들어 올릴 수 있는 친구들도 달에서는 무게가 6분의 1로 줄어들기 때문에 한 손으로도 쉽게 들어 올릴 수 있을 거예요. 달에 가면 한마디로 슈퍼맨이 된다고 볼 수 있죠.

만약 달에서 올림픽을 연다고 하면 많은 종목에서 신기록이 새롭게 고쳐지겠죠. 그중에서 가장 확실한 세계 신기록은 바로 역도 종목일 거예요. 지구에서 100킬로그램의 역기를 들어 올릴 수 있는 사람은 달에서는 600킬로그램

까지 들어 올릴 수 있으니까요.

그럼 달 이외의 다른 행성들은 어떨까요? 다른 행성들도 잡아당기는 정도가 다르답니다. 똑같은 행성은 없으니까요. 그래서 몸무게를 재면 다 다르게 나타날 거예요.

그런데 질량은 어떨까요? 질량도 6분의 1로 줄어들까요? 몸무게가 60킬로그램(힘)인 친구가 달려온다고 생각해 보세요. 이 친구를 막아서 멈추게 할 때 지구에서 멈추게 하기 위해서 필요한 힘의 6분의 1만큼만 힘을 주게 되면 친구에게 밀려서 뒤로 넘어질 거예요.

질량은 달에서도 변하지 않기 때문에 운동 상태를 변화시키기 위해서 필요한 힘은 같으니까요. 즉, 달에서는 질량이 줄어들지 않는다는 말입니다. 질량은 어느 곳에서나 변하지 않는 일정한 양이기 때문이에요.

유빈 그럼 지구에서는 어느 곳에서나 무게가 같나요?

히데키 이 질문에 대한 대답은 '그렇다'도 맞고, '아니다'도 맞습니다. "네? 뭐라고요?"라고 의아하게 생각하겠죠? 왜 그런지 이제 설명해 줄게요.

지구가 잡아당기는 힘이 무게라고 했잖아요? 이 지구가 잡아당기는 힘의 크기는 지구 위에서는 거의 비슷합니다. 여기서 '거의'라는 정도가 어느 정도냐에 따라서 무게가 위치에 따라서 다르다고 할 수도 있다는 말입니다.

사실 지구는 축구공처럼 완전하게 동그란 형태는 아니에요. 공의 표면은 매끄럽지만 지구는 산도 있고 계곡도 있어 울퉁불퉁하지요. 그리고 하루에 한 번씩 자전을 하고 있는데 지구가 엄청나게 크기 때문에 느껴지지 않을 뿐 실제로 지구가 돌아가는 속도는 엄청나게 빠릅니다. 그래서 지구의 적도 부분은 북극이나 남극 쪽에 비해서 불룩하게 솟아 있어요.

그리고 지구가 잡아당기는 힘의 크기는 높이 올라가면 갈수록, 지구 쪽으로 들어가면 들어갈수록 작아진답니다. 그래서 몸무게도 마찬가지로 산 위에 올라가거나 땅을 파고 내려가면 작아지게 되는 것이지요.

이런 이유 때문에 지구에서의 몸무게는 장소마다 조금씩 차이가 있어요. 그렇지만 그 차이는 아주 작답니다. 몸무게가 가장 무거운 장소 중 하나인 북극에서의 몸무게는 겨우 0.3% 정도만큼만 무거워지니까요. 몸무게가 50킬로그램힘인 사람이 북극에 가면 겨우 0.15킬로그램힘만큼만 증가한답니다.

장소	몸무게	장소	몸무게
북극	40.14	미국(시카고)	40.02
그린란드	40.10	미국(덴버)	39.98
스웨덴(스톡홀름)	40.08	미국(샌프란시스코)	40.00
벨기에(브뤼셀)	40.04	파나마(파나마운하)	39.92
미국(뉴욕)	40.02	뉴질랜드	40.00

이처럼 큰 양은 아니지만 위의 표에서처럼 몸무게는 장소에 따라서 조금씩 다르답니다. 미국 샌프란시스코에서 몸무게가 40킬로그램힘인 사람이 다른 장소에 가면 조금씩 차이가 생기는 것이죠.

유빈 그러면 지구 속으로 들어가거나 위로 올라가도 몸무게는 변하겠네요?

히데키 역시 응용이 빠르네요. 그럼 땅을 파고 들어가 볼까요? 지구의 중심 쪽으로 들어가면 들어갈수록 지구가 잡아당기는 힘의 크기도 줄어들기 때문에 몸무게도 작아진답니다. 그렇지만 지구가 워낙 크기 때문에 50킬로그램힘인 사람이 5킬로그램힘만큼 몸무게를 줄이기 위해서는 무려 640킬로미터나 되는 깊이까지 파고 들어가야 해요. 이것은 거의 불가능한 일이겠죠?

  그럼 위로 계속 올라가면 어떻게 될까요? 올라가면 올라갈수록 지구가 잡아당기는 힘의 크기는 줄어들기 때문에 당연히 몸무게도 줄어든답니다. 그런데 지구 속으로 들어갈 때와 마찬가지로 지구의 크기가 워낙 크기 때문에 우리가 아주 높이 올라간다고 해도 실제로는 지구에서 그렇게 많이 올라간 것은 아니에요. 비행기가 날아다니는 높이인 10킬로미터만큼 올라가도 1킬로그램힘만큼도 줄어들지 않으니까요. 그럼 우주선을 타고 더 위로 올라가 볼까요? 이

때는 상황이 조금 달라요. 아주 높이 올라가면 몸무게는 급격하게 줄어든답니다. 만약 인공위성이 있는 정도까지(약 35,700킬로미터 상공) 올라가게 되면 몸무게는 엄청나게 작아져요. 50킬로그램힘인 사람의 몸무게가 이곳에서는 겨우 1.1킬로그램힘 정도밖에 되지 않는답니다. 이보다 더 높이 올라가게 되면 지구가 잡아당기는 힘인 중력이 거의 작용하지 않는 상태이지요. 바로 중력이 없는 상태인 '무중력 상태'와 가까워지게 됩니다. 그럼 우주선 안에서 둥둥 떠다닐 수 있는 상태가 되는 것이랍니다.

요즘 많은 사람들이 살을 빼려고 다이어트를 하는데 중력의 크기가 작은 곳을 찾아가면 몸무게가 적게 나갈 수 있어요. 그렇지만 이것은 단지 눈속임밖에 되지 않을 거예요. 저울에 나타나는 숫자일 뿐이니까요. 꾸준하고 지속적인 운동만이 건강을 유지하는 길이겠죠.

제9장 핵심정리

- 물체의 빠르기의 변화량은 힘에 비례하지만 질량에는 반비례한다.

- 질량은 무게와 달라서 물체가 지닌 일정한 양으로 어느 곳에서 측정해도 그 크기는 변하지 않는다.

- 무게는 지구가 잡아당기는 힘을 나타내는 것으로 위치에 따라서도 약간씩 힘의 크기가 변하며 달에서는 지구에서의 무게에 비해서 약 6분의 1로 줄어든다.

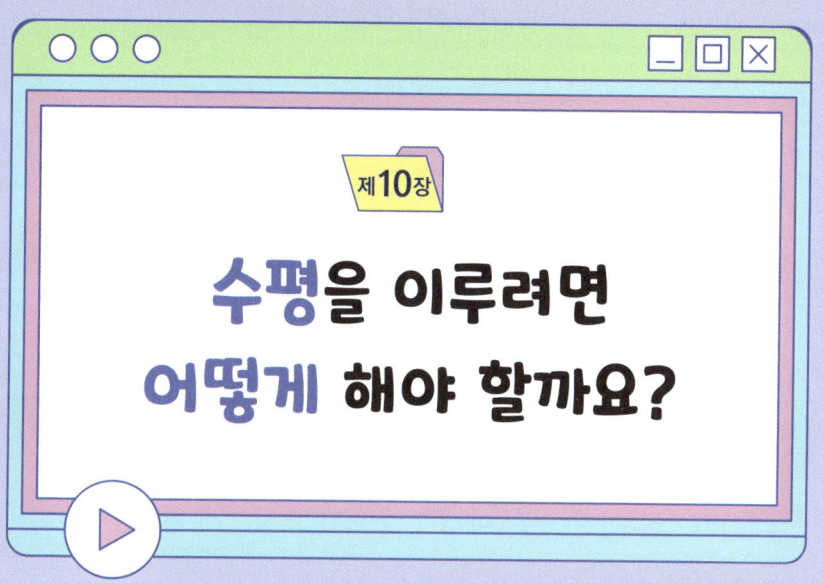

제10장
수평을 이루려면 어떻게 해야 할까요?

교과 연계

초등 4-1 | 4단원 : 물체의 무게
중등 3 | 3단원 : 운동과 에너지

✏️ **학습 목표**

아르키메데스가 지레에서 받침점으로부터의 거리와 무게의 곱이 일정할 때 수평을 이룬다는 것을 발견했는데 이것을 지레의 원리라고 한다. 이 지레의 원리를 이해하고, 지레, 빗면, 도르래 등과 같은 도구가 어떻게 일상생활 속에서 편리하게 사용되고 있는지 알아본다.

유빈 영화 '왕의 남자'를 보았는데, 멋진 줄타기가 인상적이었어요. 줄타기를 잘하려면 어떻게 해야 하나요?

히데키 '왕의 남자'는 정말로 멋진 영화지요. 많은 사람들이 그 영화를 보고 가장 인상 깊은 장면으로 줄타기를 손꼽았지요. 줄타기는 중요무형문화재로도 지정될 만큼 문화적인 가치가 있는 것입니다. 사실 줄타기는 한국에서 만들어진 것은 아니고 오래전 중국 서쪽에 있는 여러 나라에서 행해졌던 것이 전해진 것이죠.

줄타기와 비슷한 것이 바로 서양의 서커스인데, 모두 하나의 줄 위에서 균형을 잡고 있는 모습이 사람들의 마음을 조마조마하게 만들어 손에 땀을 쥐게 하지요. 그런데 이 줄타기를 잘하려면 어떻게 해야 할까요? 줄 위에서 벌이는 멋진 공연도 중요하지만 그보다도 더 중요한 것은 바로 떨어지지 않는 거예요. 줄 위에서 평형을 잘 잡아야 하는 거죠.

줄타기

　줄 위에서 평형을 잡는 연습을 하는 것은 좀 어려우니까 손가락 위에서 물체들의 수평 잡기 놀이를 해 보지요. 주위에서 찾아볼 수 있는 여러 가지 물체들로 직접 해 보는 거예요. 물체를 손가락 위에 올려놓아 봅시다. 물체가 수평을 이루게 하기 위해서는 어떻게 해야 할까요?

　수평을 잘 잡으려면 이론보다는 실제로 해 보면서 그 방법을 터득하는 것이 좋을 거예요.

유빈 그러니까 줄타기의 핵심은 바로 수평잡기라는 말씀이네요?

히데키 네, 맞아요. 그럼 어떻게 수평을 잡을지 이야기해 볼까요? 자와 같이 모양이 일정한 물체라면 당연히 손가락 위에 물체의 정 가운데가 오도록 하면 쉽게 수평을 잡을 수 있어요. 그럼 모양이 일정하지 않으면 어떤가요? 그런 경우에는 무조건 가운데를 맞추게 되면 대부분 한쪽으로 기울어질 거예요. 숟가락으로 한번 해 보세요. 그럼 가운데가 아니라 숟가락의 머리 쪽으로 손가락을 놓아야 수평을 잡을 수 있는 것을 확인할 수 있어요. 즉 무거운 쪽을 받쳐야 하는 것이지요.

수평잡기가 가장 잘 적용된 것이 바로 시소랍니다. 무거운 친구와 가벼운 친구 두 명이 시소 놀이를 할 때 받침대에서 같은 거리만큼 떨어진 곳에 각각 앉게 되면 당연히 무거운 친구 쪽이 아래로 내려갈 거예요. 몸무게가 똑같은 친구들끼리만 수평을 이루기 때문에 시소를 잘 탈 수 있죠.

이것이 바로 수평잡기를 이용해서 물체의 무게를 비교할 수 있는 원리랍니다. 시소 하나만 있으면 무거운 친구와 가벼운 친구들을 구별할 수 있게 되는 것이죠.

그럼 몸무게가 다른 친구들은 시소를 탈 수 없을까요? 물론 그건 아니에요. 무거운 친구는 앞쪽에 앉고 가벼운 친구가 뒤쪽에 앉게 되면 수평을 잘 맞출 수 있잖아요. 그러니까 수평잡기에는 무게도 중요하지만 받침점으로부터의 거리가 아주 중요하답니다. 이것을 우리는 지레의 원리라고 하지요.

수평을 맞추게 되는 조건은 물체의 무게와 받침점으로부터의 거리를 곱한 양이 같게 되어야 한다는 거예요. 이것은 중학교에서 배우는 내용인데, 여러분들도 위의 설명을 잘 읽어 보았다면 충분히 이해할 수 있을 거예요.

만약 시소에서 몸무게가 2배 차이 나는 친구 두 명이 놀기 위해서는 가벼운 친구가 무거운 친구보다 시소의 받침점에서 2배 먼 거리만큼 되는 곳에 앉아야 수평을 이룰 수 있어요. 만약 엄청나게 무거운 친구가 있다면 어떻게 하면 될까요? 이 친구와 시소를 타기 위해서는 가벼운 사람은 아주 먼 곳에 앉으면 되겠지요? 물론 그렇게 긴 시소가 있느냐가 문제지만요.

유빈 그럼 시소는 지레랑 비슷하다고 볼 수 있겠네요?

히데키 잘 이해하고 있네요. 그런데 지레의 원리를 누가 알아냈는지 알고 있나요? 앞에서 목욕을 하다가 부력의 원리를 알아내 벌거벗은 채로 '유레카

(알았다)'를 외치면서 다녔다는 아르키메데스 이야기를 했잖아요? 아르키메데스는 "만약 지구 밖에 설 수 있고, 또 길고 튼튼한 막대와 지구를 떠받칠 수 있는 단단한 받침점이 있다면 지구를 들어 올릴 수 있다"라고 이야기했답니다.

이것이 어떻게 가능한 것일까요? 바로 앞에서 이야기한 지레의 원리랍니다. 지구를 아주 무거운 친구로 생각하면 아주 긴 막대기(물론 막대기가 부러지거나 휘어지지 않을 정도로 튼튼해야겠죠)만 있으면 평형을 이룰 수 있으니까 내려가 있던 지구를 들어 올릴 수 있다는 거예요. 이처럼 시소와 같은 작은 놀이기구 속에는 과학의 놀라운 원리가 숨어 있답니다.

그럼 다시 줄타기로 돌아가 볼까요? 지금 힘에 대해서 이야기하면서 줄타기에 대해 설명을 하고 있잖아요. 그러니까 힘으로 줄타기를 설명해 볼게요.

우선 바닥에 사람이 서 있는 경우를 먼저 떠올려 봐요. 사람의 몸은 지구가 잡아당기는 중력이 작용한답니다. 그래서 땅속으로 들어가야 하지만 두 발이 버티고 있기 때문에 서 있을 수 있는 거예요.

그런데 몸을 앞이나 뒤로 기울여 보세요. 그럼 넘어지게 되지요. 수평잡기로 이것을 설명하면 받침점이 발이 되는 것인데, 발을 기준으로 앞뒤에 있는 몸의 무게들이 같으면 평형을 이루어서 넘어가지 않겠지만, 한쪽으로 기울면 평형이 깨지는 거예요. 다시 말하면 몸의 무게중심이 발끝을 넘어서게 되면 평형이 깨지는 거랍니다.

만약 두 발로 서 있지 않고 한 발로 서 있게 되면 더 쉽게 넘어갈 거예요. 받침점이 작으면 작을수록 평형을 맞추기 어려우니까요. 그래서 줄과 같이 아주 얇은 곳 위에서는 평형을 잡기가 아주 어렵답니다.

그렇지만 평형을 잡을 수 있는 한 가지 방법이 있어요. 줄타기와 비슷한 서커스에서도 줄 위에서 연기를 펼치는 모습을 볼 수 있는데, 심지어 빌딩 위에서도 목숨을 내놓는 위험한 장면을 연출하기도 합니다. 그런데 이때 사람들은 대부분 아주 기다란 막대기

빌딩 줄타기

를 들고 있어요. 이 막대기가 바로 줄타기를 잘 할 수 있는 비법입니다. 막대기가 없으면 몸이 한쪽으로 약간만 기울어져도 다시 원래대로 돌아갈 수 있는 방법이 없어 줄에서 떨어지게 되지만, 긴 막대기가 있으면 이 막대기를 이용해서 기울어진 몸을 원래대로 되돌릴 수 있는 거예요. 따라서 여러분들도 긴 막대기를 가지고 조금만 연습하면 줄타기를 할 수 있을 거예요. 그렇다고 아주 높은 곳에 올라가면 위험하니 따라하는 것은 위험해요.

유빈 위에서 지레를 사용하면 무거운 것도 쉽게 들어 올릴 수 있다고 했잖아요? 이와 비슷한 도구는 또 무엇이 있나요?

히데키 사람이 동물과 비교해 우수한 것은 바로 도구를 사용할 수 있다는 점입니다. 우리의 생활 속에는 아주 많은 도구들이 있습니다. 지레의 원리를 이용한 것들도 많이 있죠. 손톱깎이, 가위, 병따개, 손수레 등도 모두 지레의 원리를 이용한 도구랍니다. 병뚜껑은 손으로 열기에는 너무나 단단하게 병을 막고 있는데, 병따개를 이용하면 손쉽게 열 수 있지요. 병따개의 길이가 길수록 더 적은 힘으로 열 수 있어요. 길이가 길어지면 힘이 적어진다는 지레의 원리 때문이에요. 어른들이 사용하는 도구들을 보면 우리가 사용하는 것보다 더 크잖아요. 종이를 자를 때 사용하는 가위보다 쇠를 자르는 가위가 더 큰 것처럼요. 그것이 바로 큰 힘을 내기 위해서랍니다.

앞에서 지레를 사용하면 적은 힘으로도 무거운 물체를 들어 올릴 수 있다고 했죠? 이처럼 도구들은 힘을 줄여 주는 역할을 한답니다. 다른 도구들 중에는 빗면과 도르래가 있어요. 물체를 들어서 올릴 때 무거운 물체라면 쉽게 들어 올릴 수 없을 거예요. 그런 경우에는 경사면을 만들어서 밀어 올리잖아요? 바로 이런 빗면도 힘을 줄여 주는 역할을 하죠.

그럼 도르래는 어떤 경우에 이용할까요? 국기 게양대에 있는 도르래는 단지 힘의 방향만 바꾸어 주기 때문에 힘의 크기에는 변화가 없지만 어떤 도르래는 적은 힘으로도 무거운 물체를 들어 올릴 수 있답니다. 공사장이나 자동차 정비소에서는 사람의 힘으로 무거운 건축기자재나 자동차를 들어 올리는 모습을 볼 수 있는데 바로 이것이 도르래의 원리를 이용한 것입니다.

　도르래의 원리는 아주 오래전부터 사용되어 왔는데, 한국에서는 조선 시대의 실학자인 정약용이 도르래의 원리를 이용한 거중기를 만들어 수원성(화성)을 만드는 데 사용하기도 하였죠.

유빈　우리 조상인 정약용 선생님께서 이런 과학적인 도구를 만드셨다는 것이 참 재미있고 자랑스러워요.

거중기

 **히데키** 사실 유빈 학생이 지금 배우는 과학들이 대부분 서양에서 들어온 과학이지요. 하지만 조상들도 오래전부터 과학적 업적을 많이 남겼답니다. 첨성대도 그렇고, 해시계인 앙부일구나 금속활자에 대한 이야기도 자랑스러운 과학문화유산이지요.

한국의 위대한 과학자인 정약용의 이야기를 좀 더 해 볼까요? 정약용은 정치가이지만 과학적인 면에서도 많이 알고 있었답니다. 물속에 있는 물체가 떠올라 보인다는 빛의 굴절현상도 알고 있었다고 해요. '대야에 있는 푸른 표지가 떠오르는 것에 대하여'라는 완부청설의 이야기가 바로 그 증거예요. 또 《여유당전서》라는 책에는 '칠실관화설'이라는 말이 나오는데 이 말은 "어느 맑은 날, 방의 창문을 모두 닫고 외부에서 들어오는 빛을 모두 막아 실내를 어둡게 한 후 구멍을 하나만 남겨 애체(볼록렌즈)를 그 구멍에 맞추어 끼운다. 투영된 영상은 눈처럼 희고 깨끗한 종이 판 위에 비친다"라는 이야기로 바늘구멍 사진기의 원리를 설명한 것이랍니다.

제10장 핵심정리

- 지레에서 받침점으로부터의 거리와 무게의 곱이 일정할 때 수평을 이루는 것이 지레의 원리로, 아르키메데스가 알아내었다.

- 지레, 빗면, 도르래 등과 같은 도구를 사용하면 적은 힘으로도 일을 할 수 있어 편리하다.

- 조선 시대 실학자인 정약용은 도르래의 원리를 이용한 거중기를 만들어 수원성(화성)을 만드는 데 사용하였다.

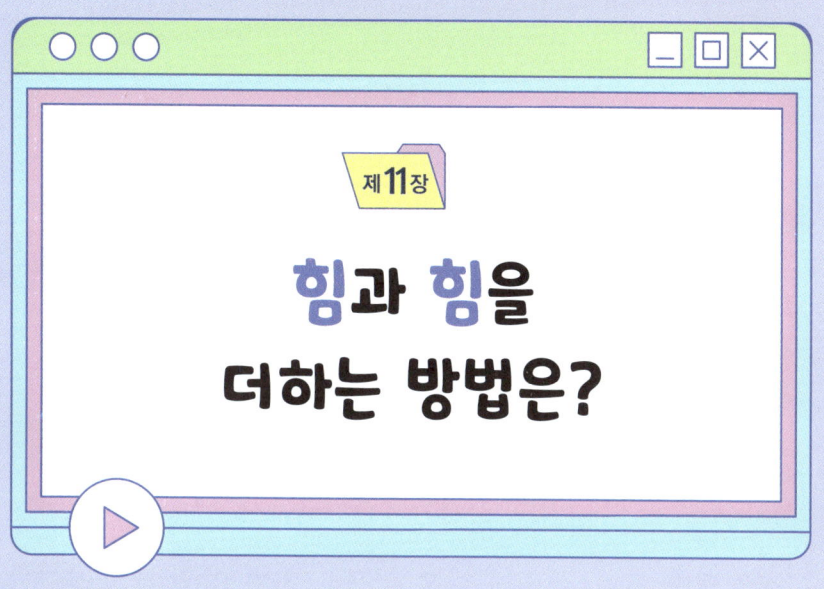

제11장
힘과 힘을 더하는 방법은?

교과 연계

중등 1 | 2단원 : 여러 가지 힘

🖉 **학습 목표**

힘은 크기와 방향을 모두 가지고 있는데, 나란한 방향으로 작용한 두 힘의 합력과 나란하지 않은 방향으로 작용한 두 힘의 합력을 구하는 방법을 알아본다. 그리고 물체에 여러 가지 힘이 작용했을 때의 그 합력인 알짜힘에 대해 살펴본다.

유빈 하나의 물체에 여러 가지 힘이 작용한다면 어떻게 되나요?

히데키 사과가 하나 있을 때 사과 두 개를 더해 놓으면 사과는 모두 3개가 되지요. 배가 5개 있는데, 2개를 먹으면 3개가 되고요. 갑자기 유치원 아이들이 하는 산수 이야기를 하고 있나 궁금하죠?

그럼 다시 물어볼까요? 2의 크기를 가진 힘과 3의 크기를 가진 힘을 더하면 힘의 크기는 얼마가 될까요? 5라고요? 왠지 제가 '이렇게 쉬운 질문은 하지 않을 텐데'라고 생각한 사람은 결과가 '5'라고 쉽게 이야기하지는 못할 거예요. 네, 맞습니다. 답은 5일 수도 있고, 5가 아닐 수도 있거든요.

사과의 개수는 크기만 가지고 있습니다. 이렇게 어떤 양들은 크기만 가지고 있는 것이 있지요. 온도, 부피, 무게 등이 좋은 예랍니다. 우리는 이렇게 크기만 가진 양을 '스칼라'라고 부릅니다. "그럼 크기만 가지지 않은 양이 있나요?" 하고 바로 질문을 하겠네요. 네, 맞아요. 어떤 양은 크기만 가지고 있는 것이 아니라 방향도 생각해야 한답니다. 힘이 대표적인 예라고 할 수 있지요. 속도, 힘 등과 같이 크기와 방향을 모두 가지고 있는 양을 우리는 '벡터'라고 부릅니다.

이처럼 힘은 크기만 가지고 있는 것이 아니라 방향도 가지고 있기 때문에 한 물체에 여러 가지 힘이 작용하고 있을 때 힘을 더하려면 크기뿐만 아니라 방향도 고려해 주어야 한답니다.

유빈 그럼 방향까지 고려한 힘의 덧셈은 어떻게 해야 하나요?

히데키 우선 가장 쉽게 같은 방향으로 작용하는 힘을 생각해 보죠. 무거운 책상을 밀어서 옮기는 친구를 도와줄 때에는 같은 방향으로 밀잖아요. 이런 경우에는 힘의 방향이 같기 때문에 그냥 더해 주기만 해도 되지요. 그러니까 10의 힘으로 밀고, 다시 다른 사람이 20

의 힘으로 밀게 되면 그 물체에 작용하는 힘의 크기는 30이 되고 방향 역시 같은 방향이 되는 것이죠.

그럼 반대 방향으로 힘을 가하는 경우를 생각해 볼까요? 어떤 경우가 있을까요? 가장 쉽게 생각해 볼 수 있는 것으로는 줄다리기가 있답니다. 많은 사람들이 줄 양쪽에 매달려서 잡아당기는 줄다리기는, 양쪽에서 아주 센 힘으로 잡아당기고 있지만 줄은 움직이지 않고 있는 경우가 많이 있잖아요. 이처럼 서로 반대 방향으로 힘을 주는 경우에는 그 결과는 더하기가 아니라 빼기의 형태로 나타납니다.

만약 한 물체에 오른쪽에서 10의 힘으로 밀고, 다른 사람이 왼쪽에서 10의 힘으로 밀게 되면 그 물체에 작용하는 힘은 '10-10'으로 0이 되어 움직이지 않게 됩니다.

그렇다면 서로 나란하지 않은 방향으로 힘을 주게 되면 어떻게 될까요? 이 경우에는 그냥 더하거나 빼면 안 됩니다. 두 힘 사이의 각도가 어느 정도냐에 따라서 다르기 때문이에요. 이것을 쉽게 알 수 있는 방법이 바로 화살표를 이용하는 것입니다. 보통 힘의 크기와 방향을 표시할 때에는 화살표를 이용하거든요. 화살표가 가리키는 방향이 힘의 방향이고, 화살표의 길이가 바로 힘의 크기랍니다. 자, 아래 그림을 한번 볼까요?

각 사람들은 양동이를 서로 잡아당기고 있습니다. 그래서 화살표가 나타내는 방향으로 양동이에 힘을 주고 있는 것이지요. 모두들 이렇게 힘을 합쳐서 물건을 들어본 경험이 있을 거예요.

양쪽으로 힘을 주었지만 양동이는 위로 들려 올라갑니다.

 유빈 그렇다면 양쪽 방향으로 준 힘을 합하면 위쪽 방향이 되겠네요?

 그건 화살표로 평행사변형을 만들어 그 대각선 방향을 찾으면 돼요. 이런 방법이 바로 나란하지 않은 두 힘을 더하는 방법이랍니다. 즉, 오른쪽 그림에서 파란색 화살표가 합력이 되는 것이지요.

 유빈 그럼 힘을 더했을 때 가장 큰 힘이 되려면 어떻게 해야 해요?

히데키 앞에서 설명한 양동이 그림을 보면 쉽게 알 수 있을 거예요. 나란하지 않은 두 힘을 더할 때 그 합력은 화살표를 더해서 만들어진다고 했잖아요. 그러니까 이 대각선으로 되어 있는 화살표의 길이를 길게 하는 방법을 찾으면 되겠지요.

그럼 쉽게 답을 찾을 수 있겠죠? 바로 힘을 주는 두 팔 사이의 각도를 줄이는 것입니다. 두 힘이 나란하게 작용하였을 때에는 그냥 두 힘을 더하면 되었잖아요? 그처럼 나란하지 않은 두 힘을 더할 때에도 두 힘이 거의 나란하게 가까이 가면 갈수록 그만큼 합력은 더 커진답니다.

유빈 힘을 더하는 것이 왜 중요한가요?

히데키 앞에서 힘이 작용할 때 물체가 어떻게 운동하는지에 대해서 이야기하고 그 이후에 여러 가지 힘에 대해서도 설명했는데, 갑자기 여러 개의 힘이 작용했을 때 어떻게 되는지를 물어본 이유가 궁금한가 보네요.

실제로 우리가 사는 세상에는 아주 많은 힘들이 작용하고 있답니다. 우리가 걸어가는 동안에도 지구는 우리를 잡아당기고 있고, 발과 바닥 사이에는 마찰력이 작용하고, 또 공기 때문에 생기는 저항력도 있고요. 힘이 작용했을 때 물체가 어떻게 운동하는지를 이해하는 것은 과학에서 상당히 중요하답니다. 작용하는 힘이 많다면 각각의 힘에 대해서 물체의 운동을 설명해야 하지요. 이것은 상당히 복잡하고 힘든 일이에요.

다행스러운 것은 힘은 서로 더할 수 있다는 것이고, 더욱더 다행스러운 것은 물체의 운동은 작용하는 여러 가지 힘들의 합력으로만 설명해도 된다는 것입니다. 그래서 물체에 여러 가지 힘이 작용했을 때 그 합력을 알짜힘이라도 불러요.

제11장 핵심정리

- 힘은 크기와 방향을 모두 가지고 있는 벡터양이다.

- 나란한 방향으로 작용한 두 힘의 합력은 그 크기를 더하거나 빼면 되고, 나란하지 않은 방향으로 작용한 두 힘의 합력은 두 힘으로 평행사변형을 만들었을 때 대각선이 나타내는 크기와 방향이다.

- 물체에 여러 가지 힘이 작용했을 때 그 합력을 알짜힘이라고 한다.

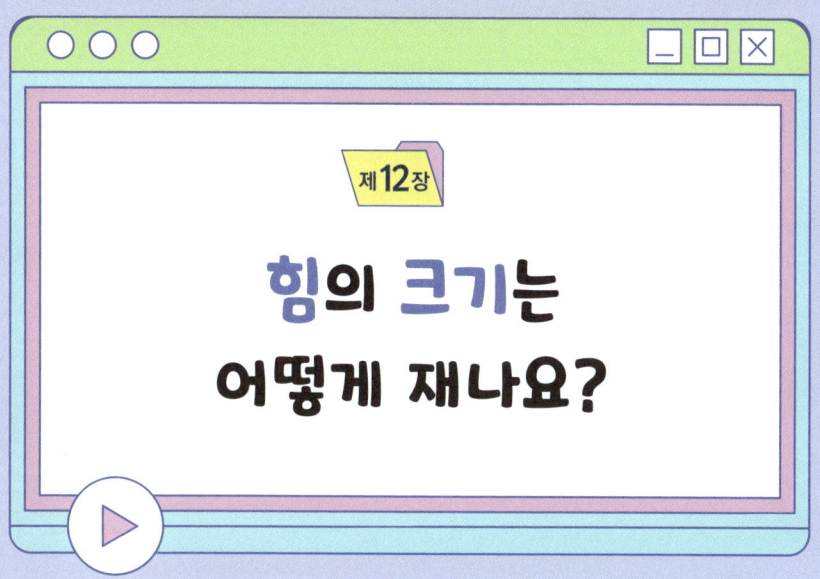

제12장
힘의 크기는 어떻게 재나요?

교과 연계

초등 4-2 | 4단원 : 물체의 무게
중등 1 | 2단원 : 여러 가지 힘

✏️ **학습 목표**

힘을 나타내는 단위에 대해 알아본다. 그리고 똑같은 힘이 작용했을 때 용수철이나 고무줄이 늘어나는 길이가 일정하다는 훅의 법칙을 이용한 용수철저울로 힘의 크기를 재는 방법에 대해 학습하고, 훅의 법칙을 발견한 과학자 훅에 대해서도 살펴본다.

유빈 힘의 단위는 무엇인가요?

히데키 앞에서 힘의 크기를 이야기할 때 힘의 단위를 사용하지 않고 설명했었죠. 그런데 한 번 이야기한 곳이 있어요. 기억나나요? 바로 무게를 설명할 때였죠. 무게가 지구가 잡아당기는 힘이라고 했으니까 무게의 단위가 바로 힘의 단위가 되겠지요. 무게의 단위는 킬로그램힘 또는 뉴턴을 사용한다고 했었죠? 바로 이 뉴턴

잠깐 상식

과학에서 사용하는 단위는 과학자의 이름을 따서 만들어진 것이 많습니다. 어떤 것이 있는지 알아봅시다.

단위	과학적인 양	과학자
N	힘	뉴턴
A	전류	앙페르
V	전압	볼타
Ω	전기저항	옴
W	일률	와트
J	일률	줄
Ci	방사능	퀴리
R	엑스선 및 감마선	뢴트겐
C	전하량	쿨롱
Hz	진동수	헤르츠

이 힘의 단위랍니다. 위대한 과학자의 이름이 힘의 단위 뉴턴으로 다시 태어난 것이죠.

유빈　그럼 힘의 크기는 어떻게 잴 수 있나요?

히데키　무게가 힘이라고 했으니까 무게를 재는 저울이 힘을 측정하는 도구로 사용될 수 있다고 손쉽게 생각할 수 있을 거예요. 그럼 어떻게 저울로 힘을 측정할 수 있을까요. 저울을 비롯해서 힘을 측정하는 도구들에는 용수철이 들어 있어요. 용수철은 당기거나 밀면 다시 원래대로 돌아가려는 성질이 있잖아요. 바로 이것을 이용한 것이죠.

앞에서 여러 가지 힘을 이야기할 때 탄성력에 대해 말했던 것을 기억하나요? 그때 고무줄이나 용수철에 힘을 주어 늘리면 힘을 주는 크기와 늘어난 길이가 서로 비례한다고 했지요. 그러니까 용수철의 길이를 재면 얼마만큼의 힘이 작용한 것인지 알 수 있답니다. 이런 저울은 집에서도 쉽게 만들 수 있어요.

우선 책상에 자를 매달고 그 앞에 고무줄이나 용수철을 하나 매달아 놓으세요. 그리고 고무줄에 고리를 만들고, 그 밑에 지우개 하나를 매달아 늘어난 길이를 표시해 놓아요. 그리고 지우개 두 개를 매달아 늘어난 길이를 표시하고, 계속해서 이런 방식으로 눈금을 표시하면 무게를 모르는 물체를 매달아서 늘어난 길이를 통해 무게를 알 수 있고, 손으로 잡아 당겼을 때 늘어난 길이를 통해서 잡아당긴 힘의 크기도 알 수 있답니다. 정확한 크기를 알기 위해서는 지우개 대신에 질량이 일정한 추를 매달면 되지요. 우리가 자주 사용하고 있는 체중계를 비롯한 거의 대부분의 저울들은 바로 이러한 원리를 이용해서 만든 것이랍니다.

유빈 고무줄이나 용수철이 늘어나는 길이가 힘에 비례한다는 것은 누가 알아냈나요?

히데키 답부터 말하면 영국의 과학자 훅이에요. 그래서 '훅의 법칙'이라고도 부르지요. 훅은 뉴턴 못지않게 과학에서 많은 업적을 남긴 과학자입니다. 기체의 압력과 부피와의 관계를 알아낸 보일의 조수로 시작해서 영국의 왕립학회에서 많은 일들을 했어요. 현미경을 이용해서 세포를 관찰하여 처음 세포라는 이름을 붙이기도 했지요.

그런데 훅은 뉴턴과의 싸움으로 더 많이 알려져 있습니다. 오늘날 우리가 알고 있는 훅은 훅의 법칙과 세포의 발견이 주된 업적이지만 뉴턴이 연구한 역학 분야에서도 많

훅의 무덤을 파헤치는 뉴턴의 모습을 그린 재미있는 그림. 영국 왕립학회에는 이런 모습이 담겨진 그림이 남아 있다.

은 연구를 하고 뉴턴과 많은 의견을 주고받으면서 싸움을 벌였었죠. 뉴턴보다 더 앞선 세대를 살았던 훅은 그 영향력이 컸기 때문에 뉴턴은 훅이 죽을 때까지 숨죽이고 있었다고 해요.

훅은 뉴턴의 재능에 질투심을 느꼈는지 뉴턴의 학회 활동을 철저하게 방해했다고 하고요. 뉴턴이 죽었으면 좋겠다는 글을 일기에 남기기도 했죠.

훅이 죽은 이후 뉴턴은 영국에서 가장 영향력 있는 과학자였어요. 그는 훅을 일방적으로 깎아 내렸고 훅이 작성한 논문이나 원고들을 모두 태워 버렸다고 해요. 그래서 지금 영국 왕립학회에 가 보면 많은 업적을 남긴 훅의 초상화가 하나도 남아 있지 않아요. 이것도 뉴턴이 다 태워버렸기 때문이랍니다.

제 12장 핵심정리

- 힘의 단위는 영국의 위대한 과학자 뉴턴의 이름을 딴 'N(뉴턴)'을 사용한다.

- 힘의 크기는 똑같은 힘이 작용하였을 때 용수철이나 고무줄이 늘어나는 길이가 일정하다는 '훅의 법칙'을 이용한 용수철저울로 잴 수 있다.

- 훅은 '훅의 법칙', 세포의 발견 등의 업적으로 유명한 영국의 과학자이다.

힘을 이용한 재미있는 놀이

유빈 선생님, 감사합니다. 이제 힘에 대해서는 조금 이해가 가는 것 같아요.

히데키 다행이네요. 하지만 이 정도로 힘에 대해서 다 안다고 생각하지는 마세요. 실제로 힘은 공부하면 할수록 그만큼 더 어렵거든요. 하지만 이 정도의 이야기라면 여러분들은 중학교에서도 문제가 없을 거예요.

유빈 힘은 우리가 생활 속에서도 많이 사용하는 용어잖아요? 그리고 실제로 힘을 쓰고 힘을 받으면서 살고 있고요. 그런데 왜 힘에 대해서 그렇게 잘 모르고 있는 부분이 많은 것일까요?

히데키 그것은 힘뿐만이 아니라 대부분의 과학이 그럴 거예요. 과학이 생활과 밀접한 관련이 있는 것임에도 불구하고 과학이 어렵다고만 생각하는 사람들이 많기 때문이 아닐까 생각해요. 조금씩 알아가면 그만큼 더 재미있어지는데…….

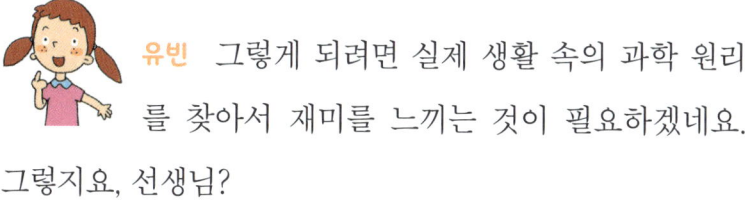

유빈 그렇게 되려면 실제 생활 속의 과학 원리를 찾아서 재미를 느끼는 것이 필요하겠네요. 그렇지요, 선생님?

히데키 네, 맞아요. 유빈 학생은 아주 잘 알고 있네요.

유빈 그런데 히데키 선생님, 선생님은 어떤 과학자를 제일 존경하세요?

히데키 음~. 워낙 많은 과학자들이 있어서 누구라고 꼬집어 말하기는 곤란하네요. 하지만 한 사람을 손꼽으라면 당연히 뉴턴이랍니다.

유빈 헤헤. 그럼 저랑 히데키 선생님이랑 공통점을 하나 발견했네요. 저도 뉴턴을 제일 존경하거든요. 선생님께서 반복해서 설명해 주신 힘의 단위라서 그런지 더욱 친근하기도 하고요. 그럼 뉴턴 이야기를 조금 더 해주실래요?

히데키 그럴까요? 사실 뉴턴은 과학을 만든 사람이라고도 할 수 있어요. 물론 뉴턴 이전에도 많은 과학자가 있었지만 뉴턴에 와서야 비로소 과학이라고 부를 수 있게 되었거든요.

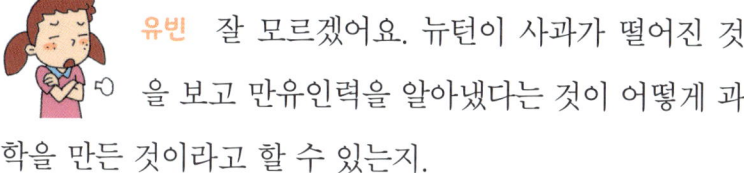

유빈 잘 모르겠어요. 뉴턴이 사과가 떨어진 것을 보고 만유인력을 알아냈다는 것이 어떻게 과학을 만든 것이라고 할 수 있는지.

히데키 우리가 힘에 대해서 배우고 있었으니까 힘으로 설명해 볼게요. 힘이 작용하면 물체의 운동 상태가 변한다고 했죠?

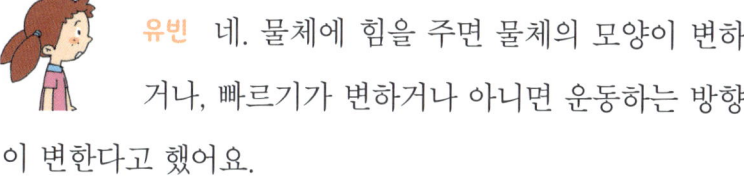

유빈 네. 물체에 힘을 주면 물체의 모양이 변하거나, 빠르기가 변하거나 아니면 운동하는 방향이 변한다고 했어요.

히데키 잘 기억하고 있네요. 물체에 힘이 작용해서 물체가 운동할 때 어떻게 움직일지에 대해서 뉴턴 이전 사람들은 알지 못했답니다. 그런데 뉴턴이 이것을 알려준 것이죠.

유빈 뉴턴이 알려 주었다고요? 무슨 말씀인지 좀 더 자세히 알려 주세요.

히데키 컴퓨터 게임 '포트리스'를 알죠?

유빈 네. 포트리스는 제가 제일 좋아하는 게임이에요. 작은 탱크들 캐릭터도 예쁘고, 또 상대방 탱크를 맞추었을 때의 짜릿한 느낌이 좋아요.

히데키 자~ 그만하고. 컴퓨터 게임 이야기만 나오면 정신을 못 차린다니까. 포트리스 게임을 보면 포를 쏘면 포탄이 날아가잖아요. 그런데 뉴턴은 포탄을 어떤 각도로, 어떤 속도로 발사하면 어느 곳에 떨어진다는 것을 정확하게 예측할 수 있도록 만들었어요.

유빈 네? 정확하게요? 뉴턴은 약 300년도 더 전에 살았던 사람인데, 정말로 대단하네요. 존경할 만해요. 그런데 아직도 잘 모르겠어요. 그것이 왜 과학적이라고 이야기할 수 있는지.

히데키 포를 가지고 설명한 것은 하나의 예를 든 것뿐이에요. 보다 정확하게 설명하면 바로

자연 세계에 존재하는 법칙들을 완전하게 설명할 수 있게 되었다는 것이에요. 처음에 조건만 정확하게 알려주면 그 결과가 분명하게 나온다는 것입니다. 자연은 우연으로 만들어진 것이 아니라 일정한 규칙에 따라 움직인다는 것이죠.

유빈 뉴턴이 힘에 대해서만 연구한 줄 알았더니 과학 전체를 다룬 대단한 사람이었네요. 참, 그런데 우리가 배운 것을 이용해서 무언가 재미있는 것을 할 수 없을까요? 친구들이 힘은 너무 어렵다고 하더라고요. 재미있는 놀이를 통해서 힘을 배울 수 있다면 쉽게 이해할 수 있을 텐데…….

히데키 그럼 재미있는 놀이 두 가지를 알려드릴게요. 첫 번째는 바로 관성 게임이에요. 물체는 힘을 주지 않으면 원래 그 상태 그대로 있으려고 한다는 것이 바로 관성이잖아요. 이것을 이용하면 재미있는 것을 해 볼 수 있어요. 일명 식탁보 빼기예요.

유빈 식탁보를 빼요?

히데키 내가 방법을 알려줄게요. 책상 위에 식탁보를 깔고 그 위에 여러 가지 물건을 놓습니다. 그리고는 식탁보를 아주 빠르게 잡아당깁니다. 그러면 식탁보 위에 있던 물건들은 그대로 있는 상태에서 식탁보만 뺄 수 있어요. 식탁보 위에 있는 물건들은 그대로 있으려는 관성 때문이지요.

유빈 재미있겠어요. 오늘 집에 가면 한번 해봐야겠어요.

 **히데키** 하지만 아주 빨리 빼지 않으면 식탁보 위에 있던 물건들도 식탁보와 함께 끌려올 거예요. 그러니까 깨질 수 있는 물건으로는 하지 마세요.

 **유빈** 나머지 한 가지도 가르쳐주세요, 선생님.

 **히데키** 자, 그럼 이것을 보세요.

 **유빈** 와! 어떻게 이렇게 있을 수 있어요? 넘어질 것 같은데 넘어지지 않는 이유가 무엇이죠?

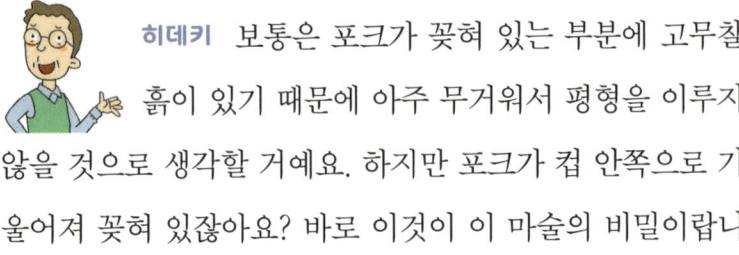 **히데키** 보통은 포크가 꽂혀 있는 부분에 고무찰흙이 있기 때문에 아주 무거워서 평형을 이루지 않을 것으로 생각할 거예요. 하지만 포크가 컵 안쪽으로 기울어져 꽂혀 있잖아요? 바로 이것이 이 마술의 비밀이랍니다. 실제로 '포크+고무찰흙'의 무게중심은 이쑤시개 위에 있게 됩니다. 그래서 컵의 모서리에서 평형을 유지할 수 있지요.

 **유빈** 잊어버리기 전에 빨리 친구들에게 알려줘야겠어요. 히데키 선생님, 오늘 힘에 대한 이야기, 너무나 감사했습니다. 안녕히 계세요.

 **히데키** 네, 유빈 학생도 안녕.

'힘' 다이어그램

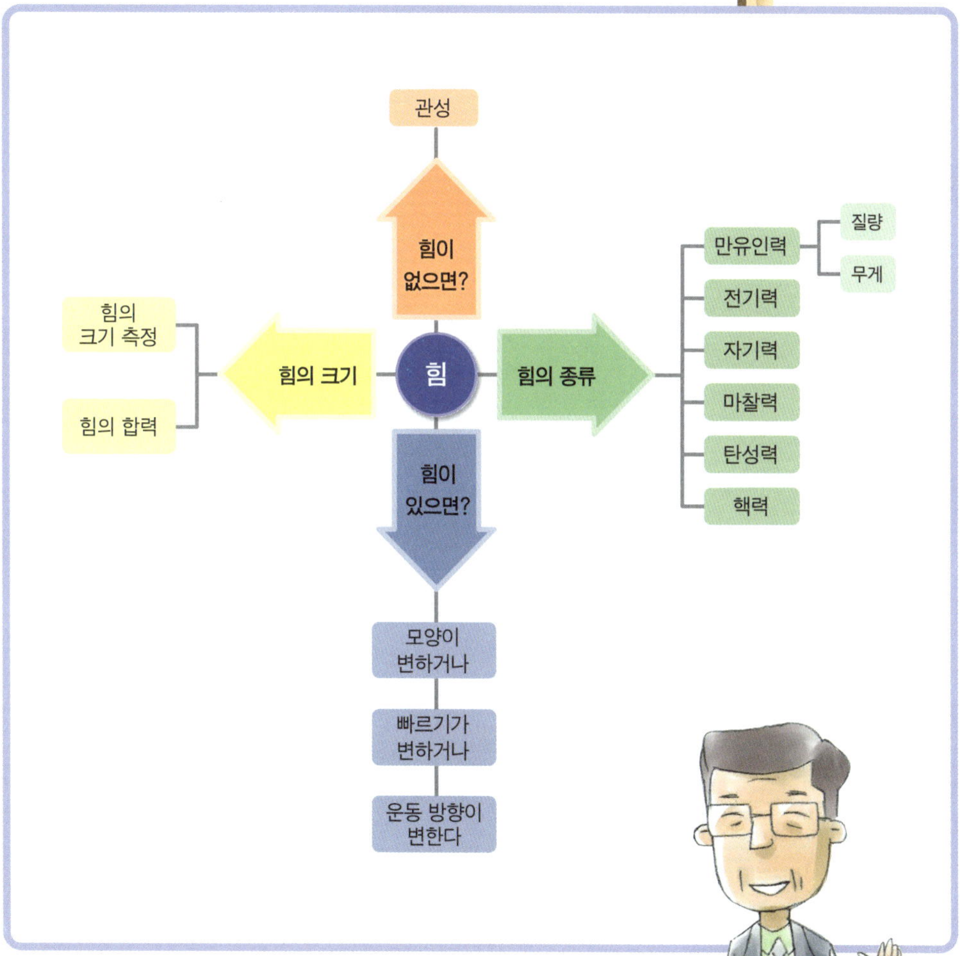

- **힘**
  - **힘이 없으면?** → 관성
  - **힘의 크기**
    - 힘의 크기 측정
    - 힘의 합력
  - **힘의 종류**
    - 만유인력
      - 질량
      - 무게
    - 전기력
    - 자기력
    - 마찰력
    - 탄성력
    - 핵력
  - **힘이 있으면?**
    - 모양이 변하거나
    - 빠르기가 변하거나
    - 운동 방향이 변한다